WERKSTATTBÜCHER

FÜR BETRIEBSANGESTELLTE, KONSTRUKTEURE UND FACH-ARBEITER. HERAUSGEGEBEN VON DR.-ING. H. HAAKE, HAMBURG

Jedes Heft 50—70 Seiten stark, mit zahlreichen Abbildungen

Die Werkstattbücher behandeln das Gesamtgebiet der Werkstatt-technik in kurzen selbständigen Einzeldarstellungen: anerkannte Fachleute und tüchtige Praktiker bieten hier das Beste aus ihrem Arbeitsfeld, um ihre Fach-genossen schnell und gründlich in die Betriebspraxis einzuführen.

Die Werkstattbücher stehen wissenschaftlich und betriebstechnisch auf der Höhe, sind dabei aber im besten Sinne gemeinverständlich, so daß alle im Betrieb und auch im Büro Tätigen, vom vorwärtsstrebenden Facharbeiter bis zum leitenden Ingenieur, Nutzen aus ihnen ziehen können.

Indem die Sammlung so den Einzelnen zu fördern sucht, wird sie dem Betrieb als Ganzem nutzen und damit auch der deutschen technischen Arbeit im Wett-bewerb der Völker.

Einteilung der bisher erschienenen Hefte nach Fachgebieten

(Fortsetzung 3. Umschlagseite)

WERKSTATTBÜCHER

FÜR BETRIEBSANGESTELLTE, KONSTRUKTEURE UND FACH-
ARBEITER. HERAUSGEBER DR.-ING. H. HAAKE, HAMBURG

HEFT 88

Das Fräsen

Von

Dipl.-Ing. Hans H. Klein

Berlin-Lichtenrade

Dritte, überarbeitete Auflage

(13.—18. Tausend)

Mit 123 Abbildungen

Springer-Verlag Berlin Heidelberg GmbH

ISBN 978-3-540-01971-8   ISBN 978-3-642-86050-8 (eBook)
DOI 10.1007/978-3-642-86050-8

Inhaltsverzeichnis.

Einleitung.

Das Fräsen ist ein häufig angewandtes, vielseitiges Arbeitsverfahren der Zerspanungstechnik. Für den Betriebsmann wird es daher von Nutzen sein, sich mit den verschiedenen Teilgebieten des Fräsens vertraut zu machen und über Fortschritte auf dem Laufenden zu bleiben. Hierbei kann ihm das vorliegende Werkstattbuch[1] gute Dienste leisten.

Es gibt eine Übersicht über die einzelnen Fräsverfahren. Arbeitsbeispiele, Angaben über erforderliche Betriebsmittel, Richtwerte und andere Hinweise, die der Mann an der Maschine für seine Arbeiten braucht, ergänzen die gegebenen Richtlinien und erleichtern ihre Anwendung. Auch der ausführliche Abschnitt über die Arbeitszeitermittlung dürfte für manchen wertvoll sein. Wer sich schließlich eingehender mit Einzelfragen oder mit der etwas schwierigen Frästheorie beschäftigen will, beachte die im Anhang zusammengestellten Schrifttumshinweise.

So soll das Heft die Vorteile des Fräsens eindeutig zur Geltung bringen und mit dazu beitragen, daß jede Fräsarbeit möglichst zweckmäßig, genau und schnell ausgeführt werden kann.

I. Fräsverfahren und ihre Anwendung bei verschiedenen Fräsarbeiten.

A. Fräsen ebener Flächen (Planfräsen).

Ebene Flächen werden mit Walzenfräsern oder mit Stirnfräsern gefräst. Wenn irgend möglich, sollte man das Stirnfräsen bevorzugen; denn es ist hinsichtlich der Spanbildung und Fräsleistung wesentlich günstiger. Trotzdem sei hier zunächst einiges Grundsätzliche über Walzenfräsen gesagt, weil die beim Umfangsschnitt auftretenden Verhältnisse auch für andere walzen- und scheibenförmigen Fräser gelten.

1. Walzenfräsen. a) Bei dem früher überwiegend üblichen Gegenlauffräsen fährt das auf dem Maschinentisch aufgespannte Werkstück gegen den umlaufenden Fräser (Abb. 1). Der kommaförmige Frässpan, dessen Querschnitt von zwei Kreisbögen (Abb. 2) begrenzt ist, wird an der dünnsten Stelle angeschnitten. Der Fräserzahn gleitet beim Ansetzen kürzer oder länger auf der Arbeitsfläche, und zwar — je nach Schärfe der Schneide und Durchmesser des zurückfedernden Fräsdornes — so lange, bis eine ausreichende Spandicke angestaucht worden ist. Erst dann wird die Schneide in den Werkstoff eindringen und den Span abtrennen. Die während des Gleitweges auftretende Reibungswärme ist erheblich und kann nur durch reichliche Kühlung abgeführt werden.

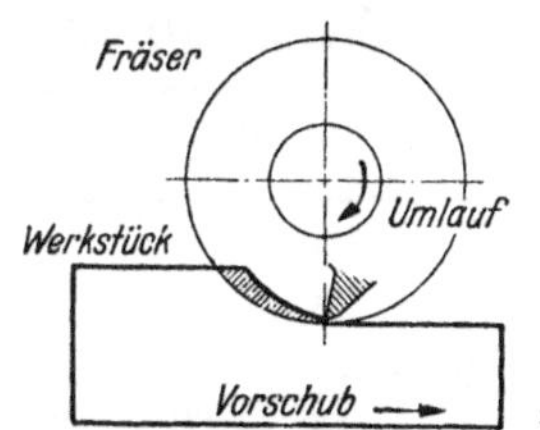

Abb. 1. Fräsrichtung beim Gegenlauffräsen. Vorschub gegen den umlaufenden Fräser.

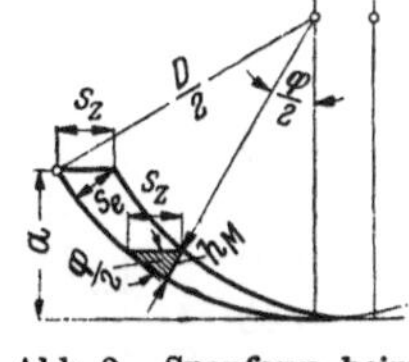

Abb. 2. Spanform beim Walzenfräsen. Dicke des kommaförmigen Spanes s_e ist abhängig von Vorschub je Zahn s_z, Schnittiefe a und Fräserdurchmesser D bzw. Eingriffswinkel φ.

Die Spandicke *ist beim Walzen- und Umfangsfräsen* verhältnismäßig gering.

Um sich ein Bild von ihrer Größenordnung zu machen, kann man mit den Bezeichnungen der Abb. 2 die theoretische Spandicke [1][2] aus

$$s_e = 2\,s_z \sqrt{a/D\,(1 - a/D)}$$

---

[1] Die ersten beiden Auflagen dieses Heftes sind 1941 und 1948 erschienen.

[2] Die Zahlen in eckigen Klammern verweisen auf das Schrifttum am Ende des Buches.

1*

und die in der Mitte des Eingriffbogens vorhandene Mittenspandicke [2] aus $h_M = s_z \sqrt{a/D}$ berechnen (Maße sind Millimeter).

Die Werte s_e/s_z und h_M/s_z sind in Abb. 3 dargestellt, Werte für h_M können der Tab. 1 unmittelbar entnommen werden.

Zahlenbeispiel: $D=100$ mm, $a=5$ mm, $s_z=0{,}2$ mm;
      aus Abb. 3 für $a/D = 0{,}05$, $s_e/s_z = 0{,}435$, $s_e = 87\ \mu$;
      aus Tab. 1 für $s_z = 0{,}2$, $a/D = 0{,}05$ und $h_M = 45\ \mu$.

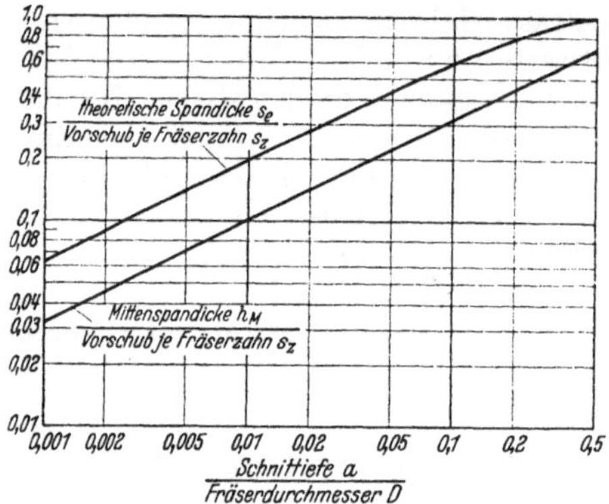

Abb. 3. Bestimmung der theoretischen Spandicke und der Mittenspandicke.

Die praktische Spandicke weicht von diesen errechneten Werten erheblich ab, denn

1. der Werkstoff wird je nach seiner Festigkeit und Dehnung, sowie entsprechend Schnittgeschwindigkeit und Keilwinkel der Schneiden mehr oder minder gestaucht.

2. die Fräserzähne liegen nicht genau konzentrisch zum umlaufenden Fräsdorn, der auch seinerseits Schlag hat,

3. der Fräserdorn wird infolge der Schnittkräfte durchgebogen, und zwar periodisch mit den Kräfteschwankungen (vgl. Kap. II B).

Aus diesen Gründen sind die Fräserzähne verschieden belastet; es kann sogar vorkommen, daß einzelne bei kleinen Vorschüben überhaupt nicht schneiden. Damit alle Zähne wenigstens in Eingriff kommen, empfiehlt es sich, die Mittenspandicke nicht kleiner als 10 μ zu wählen.

Die hierdurch bedingten Mindestvorschübe sind in Tab. 1 zu finden.

Tabelle 1. *Einhalten des Mindestvorschubes ($h_M \gtrless 10\ \mu$, rechts von der eingetragenen Grenzlinie) gewährleistet gute Standzeit. a/D=Verhältnis Frästiefe : Fräserdurchmesser.*

a/D	Mittenspandicke h_M in μ ($^1/_{1000}$ mm)										
0,50	14	21	28	35	42	57	71	141	212	283	354
0,40	13	19	25	32	38	51	63	126	190	253	316
0,30	11	16	22	27	33	44	55	110	164	219	274
0,20	9	13	18	22	27	36	45	89	134	179	224
0,10	6	10	13	16	19	25	32	63	95	126	158
0,08	6	9	11	14	17	23	28	57	85	113	142
0,06	5	7	10	12	15	20	25	49	74	98	123
0,05	5	7	9	11	13	18	22	45	67	90	112
0,04	4	6	8	10	12	16	20	40	60	80	100
0,03	4	5	7	9	10	14	17	35	52	69	87
0,02	3	4	6	7	8	11	14	28	42	56	71
0,01	2	3	4	5	6	8	10	20	30	40	50
	0,02	0,03	0,04	0,05	0,06	0,08	0,10	0,20	0,30	0,40	0,50
	Vorschub s_z mm/Zahn										

Zahlenbeispiel: $D=100$ mm, $z=10$ Zähne, $a=1$ mm. Aus Tabelle 1. Für $a/D=0{,}01$ und Mittenspandicke 10 μ wird $s_z=0{,}1$ mm/Zahn oder $s_n=10 s_z=1$ mm/Umdrehung.

b) Beim gleichläufigen Fräsen [3] haben Fräser und Werkstück die gleiche Bewegungsrichtung (Abb. 4). Hierbei besteht die Gefahr, daß der Fräser das Werkstück aus der Aufspannung herausreißt oder den Frästisch an sich zieht und auf das Werkstück „klettert".

Die Kunst des Gleichlauffräsens besteht darin, jedes mögliche Spiel (z. B. an der Tischspindel, zwischen Arbeitsstück und Spannvorrichtung) von vornherein auszuschalten. Federnde Werkstücke sind daher in zweckentsprechenden Vorrichtungen unnachgiebig einzuspannen. Außerdem empfiehlt es sich, mit kräftigen Fräserdornen und auf starren Maschinen zu arbeiten. Die theoretische Spandicke ist die gleiche wie beim Gegenlaufverfahren. Der Span wird jedoch an seiner dicksten Stelle zuerst abgetrennt. Infolgedessen ist der Gleit-

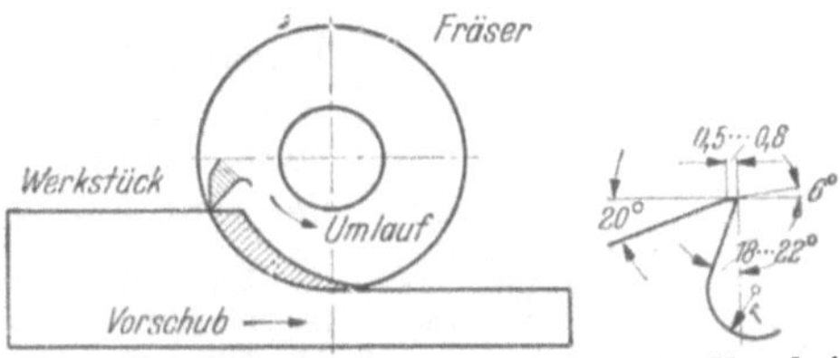

Abb. 4. Fräsrichtung beim Gleichlauffräsen. Vorschub und Fräser haben gleiche Laufrichtung. Spitzer Fräserzahn erforderlich.

weg der Schneide sehr kurz. Scharfe Schneiden mit kleinem Keilwinkel sind die Voraussetzung für günstige Kräftewirkung. Bei tiefen Schnitten werden die Nachteile des Gegenlauffräsverfahrens, wie Hochsaugen leichter Frästeile, Auftreten von Schwingungen (Rattern) und Lockern der Spannung mit Sicherheit vermieden.

Anwendungsbeispiele: 1. Walzenfräsen im Gegenlauf.

Werkstück: 4 Leisten (Abb. 5) 22×50 mm, 200 mm lang, aus St 60.11.

Arbeitsgang: Auflageflächen gleichzeitig fertig schruppen.

Werkzeug: Walzenfräser aus Schnellstahl (HS) DIN 884 N, 80 mm Durchmesser, 100 mm breit, 32 mm Bohrung[1].

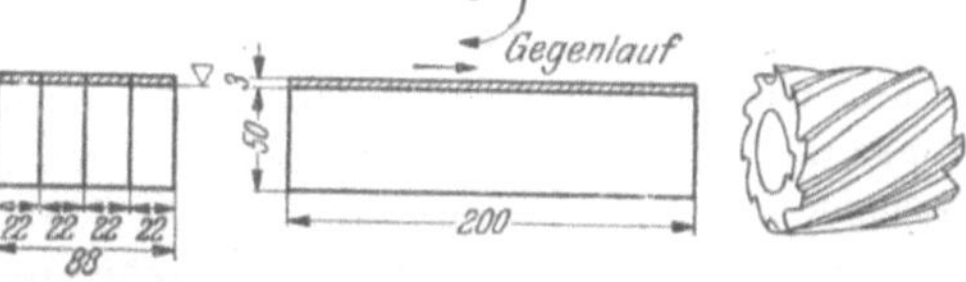

Abb. 5. Beispiel: Walzenfräsen bei kleiner Schnittiefe (Gegenlauf).

Maschine: Waagerecht-Fräsmaschine mit 2,5 kW Maschinenleistung.

Spannart: Werkstück im Schraubstock, Fräser auf Dorn mit Gegenlager.

Arbeitsbedingungen: Schnittiefe $a = 3$ mm, Schnittbreite $b = 88$ mm, Schnittgeschwindigkeit $v = 18$ m/min, Vorschubgeschwindigkeit $s' = 90$ mm/min.

Kühlmittel: Kühlmittelöl (Emulsion 1 : 20).

2. Walzenfräsen im Gleichlauf.

Werkstück: Stahlblock 100×100 mm (Abb. 6) aus legiertem Vergütungsstahl (42 CrMo 4)[2], vergütet auf 120 kg/mm².

Arbeitsgang: Flächen allseitig schruppen.

Werkzeug: Gekuppelter Gleichlauf-Walzenfräser aus Hochleistungsschnellstahl (HSS) mit Kreuzverzahnung,

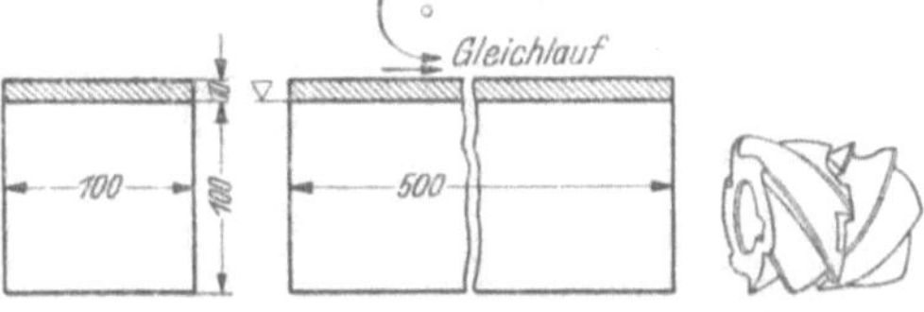

Abb. 6. Beispiel: Walzenfräsen bei großer Schnittiefe (Gleichlauf).

ähnlich DIN 1892 N, 125 mm Durchmesser, 125 mm breit, 60 mm Bohrung (verstärkt !).

Maschine: Gleichlauf-Waagerecht-Fräsmaschine 6,5 kW.

Spannart: Werkstück mit Spanneisen auf Tisch, Fräser auf Dorn mit Gegenlager.

Arbeitsbedingungen: $a = 10$ mm, $b = 100$ mm, $v = 14$ m/min, $s' = 32$ mm/min.

Kühlmittel: Schneidöl.

2. Stirnfräsen ist vorteilhafter als Walzenfräsen. Beim Anschneiden stehen immer ausreichende Spanquerschnitte zur Verfügung, so daß die Fräserzähne den Span sofort fassen und abtrennen, ohne erst zu gleiten. Auch sind die Kräfteschwankungen kleiner, da sich die Spandicke während des Schnittes wenig verändert

---

[1] Als Bezeichnung für Schnellstahl hat sich die auch im Auslande bekannte Abkürzung HS=High Speed in letzter Zeit immer mehr eingeführt. Die einzelnen Schnellstahlsorten werden nach Leistungsklassen A, D und E unterteilt (s. Tabelle 35, S. 62).

[2] Markenbezeichnung nach DIN 17006.

(Abb. 7). Um günstige Eingriffsverhältnisse zu schaffen, ist es zweckmäßig, den Fräserdurchmesser D um einen gewissen Prozentsatz größer als die Fräsbreite b zu

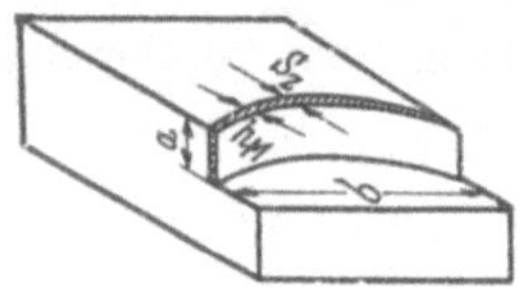

Abb. 7. Spanform beim Stirnfräsen. Schnittiefe a und Fräsbreite b sind gegenüber dem Walzenfräsen miteinander vertauscht, infolgedessen Spandicke größer.

wählen, und zwar bei kurzspanenden Werkstoffen (z. B. Grauguß) um etwa 25 bis 40%, bei langspanenden Werkstoffen (z. B. Stahl) um 50 bis 70%. Außerdem kann die Werkstückmitte um einen Betrag zur Fräsermitte versetzt eingestellt werden, so daß an der Eingriffskante und beim Schneidenauslauf bestimmte Spandicken vorhanden sind.

Beispiel: Fräsen von Grauguß mit Messerkopf (s. u. Abb. 9). Fräsbreite $b=120$ mm, Werkzeugdurchmesser $D=160$ mm, Vorschub $s_z=0,25$ mm, Außermittestellung 12 mm entsprechend einem Überlauf $u=0,05D=8$ mm. Es ergeben sich dann folgende Spandicken: an der Eingriffskante für $e/D(=a/D)=32/160=0,2$ aus Abb. 3: Spandicke $s_e=0,8s_z=0,2$ mm, am Schneidenauslauf für $u/D(=a/D)=8/160=0,05$: Spandicke $s_e=0,435s_z=0,11$ mm.

Die Spandicke wächst also von 0,2 auf 0,25 mm (Fräsermitte) und fällt dann allmählich auf 0,11 mm ab.

Beim Stirnfräsen ist demnach die mittlere Spandicke wesentlich größer als beim Walzenfräsen. Infolgedessen wird die Zerspanungswärme gut abgeführt und die Standzeit erhöht. Die Werkzeuge können kurz eingespannt werden, beispielsweise Walzenstirnfräser auf kurzem Aufsteckdorn, Messerköpfe auf Spindelkopf oder -nase der Fräsmaschine. Sie federn daher in radialer Richtung sehr wenig. Da sich fernerhin der Umfangsschlag der Werkzeugschneiden nur auf die Spandicke, aber nicht auf die Ebenheit der Fräsfläche unmittelbar auswirken kann, ist die Tragfähigkeit der Fräsfläche oft besser, als wenn mit Walzenfräser gearbeitet wird.

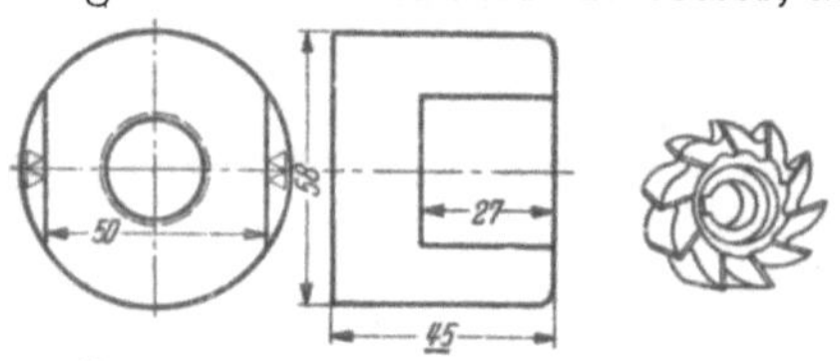

Abb. 8. Beispiel: Stirnfräsen von kleineren Flächen mit Walzenstirnfräser.

Es lohnt sich also zu prüfen, ob nicht die zu bearbeitende Fläche besser mit Stirnfräser oder Messerkopf gefräst werden kann [4].

Arbeitsbeispiele: Fräsen mit HS-Walzenstirnfräser (Abb. 8).
Werkstück: Fräsdornmutter 58 mm Durchmesser, 45 mm breit aus Einsatzstahl C 15.
Arbeitsgang: Mitnehmerflächen (Schlüsselweite 50 mm) fertig fräsen.

Werkzeug: HS-Walzenstirnfräser DIN 841 N, 50 mm Durchmesser, 25 mm breit, 22 mm Bohrung.
Maschine: Waagerecht-Fräsmaschine 1,5 kW.
Spannart: Fräser fliegend auf Aufsteckdorn, Werkstück auf Dorn in Teilvorrichtung.
Arbeitsbedingungen: Schnittiefe $a=4$ mm, Fräsbreite $b=27$ mm, Schnittgeschwindigkeit $v=22$ m/min, Vorschubgeschwindigkeit $s'=90$ mm/min.
Kühlmittel: Kühlmittelöl (Emulsion 1 : 15).

Fräsen mit HSS-Messerkopf (Abb. 9).
Werkstück: Lagerbock aus Gußeisen mit Brinellhärte 180.

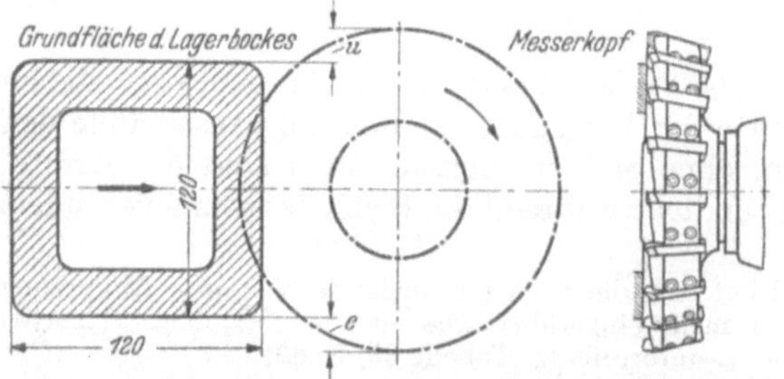

Abb. 9. Beispiel: Stirnfräsen von großen Flächen mit Messerkopf.

Arbeitsgang: Grundfläche fertigfräsen.
Werkzeug: Messerkopf 160 mm Durchmesser mit Messern aus Hochleistungs-Schnellstahl (HSS).
Maschine: Senkrechtfräsmaschine 5,5 kW.
Spannart: Werkstück in Vorrichtung auf Tisch, Messerkopf auf Spindelkopf.
Arbeitsbedingungen: $a=4$ mm, $b=120$ mm, $v=18$ m/min, $s'=125$ mm/min. Ohne *Kühlmittel.*

Besonders gute Arbeitsergebnisse werden beim Fräsen mit Hartmetall (HM)-Schneiden [5] erreicht. Schon beim Schlagzahnfräsen erhält man Arbeitsflächen, die sich durch besondere Glätte, spiegelnden Glanz und Korrosionsbeständigkeit auszeichnen, allerdings unter Verzicht auf eine größere Mengenleistung. Die außerordentliche Verschleißfestigkeit und Warmhärte der Sinterhartmetalle läßt sich nur mit vielzahnigen Messerköpfen voll ausnutzen.

a) Mit Schlagzahnfräsen (Einzahnfräsen) [6] wird ein Fräsverfahren bezeichnet,bei dem die vorteilhafte Anwendung der Hartmetallschneide durch ein verhältnismäßig einfaches Werkzeug, den Einzahnfräser (Abb. 10), ermöglicht wird. Mit ihm können auch schwer zerspanbare Werkstoffe, z. B. Gußstücke mit harter Gußhaut, hoch vergütete Stahlteile, wirtschaftlich bearbeitet werden. Die Stellung des Schlagmessers im Fräserkörper ist so zu wählen, daß beim Anschneiden nie zuerst die Spitze oder Kante der Schneide, sondern ein Punkt der Spanfläche auf das Werkstück trifft. Es kann auf handelsüblichen Fräsmaschinen gearbeitet werden, soweit diese geringes Lagerspiel und einen kräftigen Antriebsmotor (mindestens 5 kW) besitzen und mit hohen Drehzahlen (über 1000 U/min) und großen Vorschüben (bis mindestens 500 mm/min)

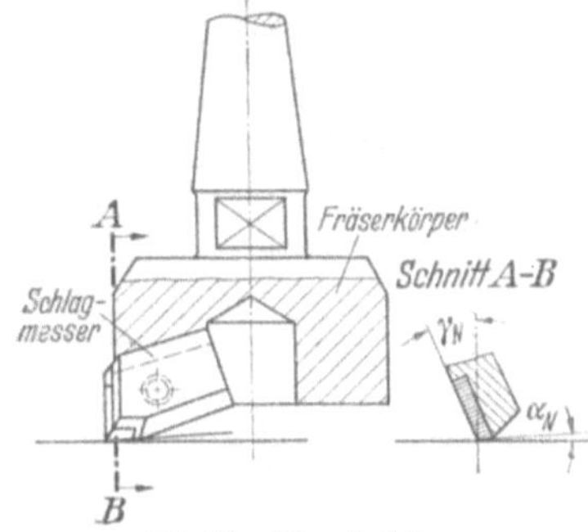

Abb. 10. Einzahnfräser.

ausgerüstet sind. Bei sachgemäßer Pflege behalten die Maschinen auch nach längerem Gebrauch ihre Genauigkeit bei. Auch Stufen, Rundungen, Schlitze und Nuten lassen sich auf diese Weise fräsen, wenn die sonst üblichen Fräsverfahren und Werkzeuge versagen. Ein besonderes Anwendungsgebiet (Gewindeherstellung durch Wirbeln und Schälen) wird später behandelt (S. 22).

b) Fräsen mit HM-Messerköpfen. Die Entwicklung starrer Hochleistungs-Fräsmaschinen [7] und der Einsatz leistungsfähiger Hartmetall (HM)-Messerköpfe haben auch bei langspanenden Werkstoffen zu neuartigen Bearbeitungsmethoden und beachtlichen Leistungssteigerungen geführt [8].

Folgende *Voraussetzungen* sind zu erfüllen:

für die Maschine: verstärkte Spindellagerung, vollkommene Schwingungsfreiheit, Übertragung der Antriebskraft durch Keilriemen oder Schnecke, starker Antriebsmotor.

für das Werkzeug: starre, schlagfreie Befestigung durch unmittelbares Aufsetzen auf die Frässpindel (bei Messerköpfen) oder Aufnahme im Innenkegel des Spindelkopfes (bei Schaftwerkzeugen); geeignete Schneidenwinkel [33], z. B. für Stahl und sehr harten Grauguß Anwendung von Schneiden mit „gebrochener" Spanfläche, bei der die HM-Schneide durch eine schmale Schneidfase mit negativem Spanwinkel vor Beschädigung geschützt wird (Abb. 11); zweckmäßige Stellung der Messer durch entsprechende Wahl der Achs- und Radialwinkel. Hierdurch

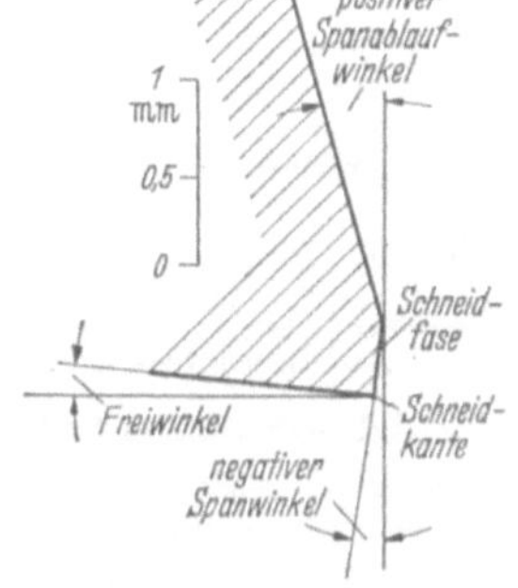

Abb. 11. Schneide mit negativem Spanwinkel und gebrochener Spanfläche. Breite der Schneidfase $\geq$ Spandicke.

wird der erste Aufprall des Messers auf das Werkstück („Initialkontakt") von der Schneidkante weg auf die Spanfläche verlegt [9]. Man spricht dann von Fräsen mit nachlaufender Schneidkante.

für die Arbeitsbedingungen: feste, kippsichere Werkstückspannung; keine Kühlflüssigkeit, sondern ungestörte Wärme- und Spanabfuhr durch Luftgebläse und

Spanabsaugung; bei Stahlbearbeitung Anwendung hoher und höchster Schnittgeschwindigkeiten (z. B. bei St 60.11 bis 500 m/min), damit die Zerspanungswärme keine Zeit zum Übergang auf Werkstück oder Werkzeug hat und mit den heißen Spänen abgeführt wird; ausreichende Spandicke durch Wahl eines kräftigen Zahnvorschubes.

Unter diesen Voraussetzungen erhält man in einem Arbeitsgang plangenaue, öldichte Flächen, die geschabten oder geschliffenen nicht nachstehen. Der Zeitaufwand ist wesentlich geringer als bei anderen Arbeitsverfahren, etwa im Verhältnis Schaben 500% : Schleifen 100% : Feinstfräsen 25%.

Tabelle 2. *Schnittgeschwindigkeit und Vorschub beim Fräsen ebener Flächen (Richtwerte).*

a) Walzenfräser, Walzenstirnfräser und große Schaftfräser mit Schnellstahlschneiden bei mittlerer Schnittiefe ($a=3\cdots5$ mm) und Fräsbreite 100 mm (Gegenlauf).

Werkstoff	Schruppen		Schlichten	
	Schnitt-geschwindigkeit m/min	Vorschub-geschwindigkeit mm/min	Schnitt-geschwindigkeit m/min	Vorschub-geschwindigkeit mm/min
Weicher Stahl	16···20	90···112	20···25	50···63
Vergüteter Stahl, 110 kg/mm² Fest.	10···13	56···71	13···16	32···40
Grauguß, Brinellhärte 180 kg/mm²	13···16	112···140	16···20	63···80
Leichtmetalle	200···300	250···400	250···360	100···200
Messing	32···40	180···220	40···45	100···125

b) Messerköpfe mit Hochleistungs-Schnellstahl(HSS)- und Hartmetall(HM)-Schneiden bei mittlerer Schnittiefe ($a=3\cdots5$ mm).

Werkstoff	Schneide	Schruppen		Schlichten	
		Schnitt-geschwindigkeit m/min	Vorschub-geschwindigkeit mm/min	Schnitt-geschwindigkeit m/min	Vorschub-geschwindigkeit mm/min
Weicher Stahl	HSS	20···25	90···140	25···32	45···56
	HM	112···180	280···450	140···225 (bis 500)[1]	112···180 (bis 400)[1]
Vergüteter Stahl, 110 kg/mm² Fest........	HSS	13···16	56···90	16···18	28···36
	HM	71···112	180···225	112···140	90···140
Grauguß, Brinellhärte 180 kg/mm²	HSS	16···20	125···180	20···25	56···71
	HM	50···63	225···280	71···140	140···225
Leichtmetalle	HSS	250···335	280···400	315···400	100···180
	HM	355···630	450···900	560···900	280···450
Messing	HSS	50···63	280···315	50···63	90···112
	HM	90···140	355···450	112···180	140···180

[1] Auf besonders kräftigen Maschinen.

Arbeitsbeispiele: Stirnfräsen mit HM-Einzahnfräser.
Werkstück: Maschinenteil aus St 60.11.
Arbeitsgang: Auflagefläche feinfräsen.
Werkzeug: HM-Einzahnfräser 125 mm Flugkreisdurchmesser.
Maschine: Senkrechtfräsmaschine 5 kW.
Spannart: Werkstück in Vorrichtung auf Tisch, Schlagzahnfräser mit Kegelschaft im Spindelkopf.
Arbeitsbedingungen: Schnittiefe $a=1$ mm, Fräsbreite $b=100$ mm, Schnittgeschwindigkeit $v=180$ m/min, Vorschubgeschwindigkeit $s'=250$ mm/min, $s_z=0,55$ mm/Zahn.
Ohne *Kühlmittel:* Standzeit etwa 1···2 Stunden.
Stirnfräsen mit HM-Messerkopf [46].
1. Werkstück: Stahlplatten aus St 60.11.
Arbeitsgang: Planfräsen.
Werkzeug: HM-Planmesserkopf (Hartmetall TT 2), 200 mm Durchmesser, 10 Messer.
Maschine: Senkrechtfräsmaschine 60 kW.
Spannart: Werkstück mit Spanneisen auf Tisch, Messerkopf auf Frässpindelnase.

Arbeitsbedingungen: Schnittiefe $a = 7$ mm, Fräsbreite $b = 140$ mm, Schnittgeschwindigkeit $v = 200$ m/min, Vorschubgeschwindigkeit $s' = 1000$ mm/min, Vorschub/Zahn $s_z = 0,31$ mm. Ohne *Kühlmittel:* Fräsweg 80 m, Standzeit 80 min.

2. *Werkstück:* Gußplatten aus Grauguß 26 kg/mm² Festigkeit.

Arbeitsgang: Planfräsen.

Werkzeug: HM-Planmesserkopf (Hartmetall H1), 800 mm Durchmesser, 12 Messer.

Maschine: Senkrechtfräsmaschine 30 kW.

Spannart: wie bei *1*.

Arbeitsbedingungen: Schnittiefe $a = 12$ mm, Fräsbreite $b = 700$ mm, Schnittgeschwindigkeit $v = 60$ m/min, Vorschubgeschwindigkeit $s' = 120$ mm/min, Vorschub je Zahn $s_z = 0,42$ mm. Ohne *Kühlmittel.*

In Tabelle 2 sind Richtwerte für die Wahl der Arbeitsgeschwindigkeit beim Fräsen ebener Flächen zusammengestellt.

B. Fräsen von Nuten und Formflächen.

Nuten und Formflächen können bei Einzel- oder kleiner Reihenfertigung auf handelsüblichen Maschinen gefräst werden. In diesem Falle wird die Form des Fräsers der Werkstückform angepaßt. Bei ausgesprochener Mengenfertigung und bei besonders schwierigen Werkstückformen ist es wirtschaftlicher, anstatt der teuren Sonderfräser einfache Fräser auf Sonderfräsmaschinen oder auf Fräsmaschinen, die als Einzweckmaschinen mit besonderen Fräsvorrichtungen ausgerüstet sind, zu verwenden.

3. Fräsen mit Form- und Satzfräsern. a) Gerade Nuten und Schlitze werden in der Regel mit scheibenförmigen Fräsern auf einfachen Waagerecht-

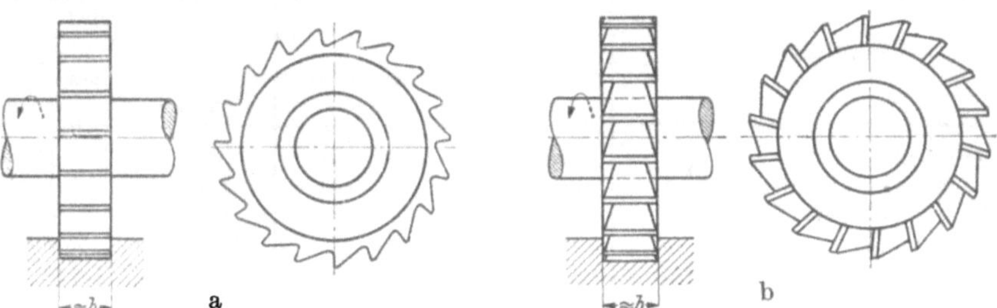

a   b

Abb. 12 a u. b. Fräsen flacher Nuten. Nutenfräser (*a*), seitlich hohlgeschliffen, und dreiseitig schneidende Scheibenfräser (*b*) mit gefrästen Zähnen verlieren beim Nachschleifen an Breite.

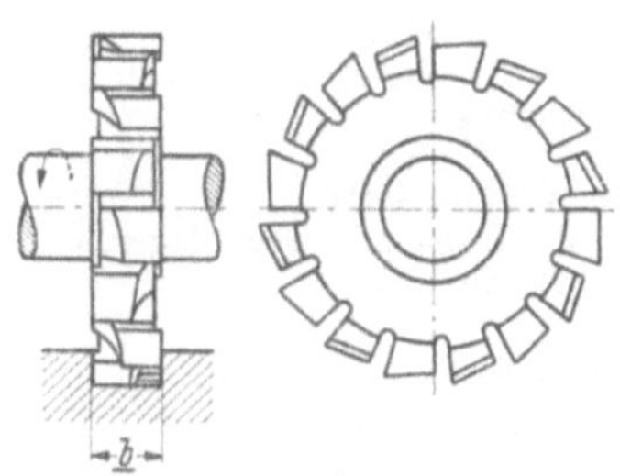

Abb. 13. Fräsen von Nuten genauer Breite mit hinterdrehtem Nutenfräser. Fräserbreite bleibt beim Nachschleifen erhalten.

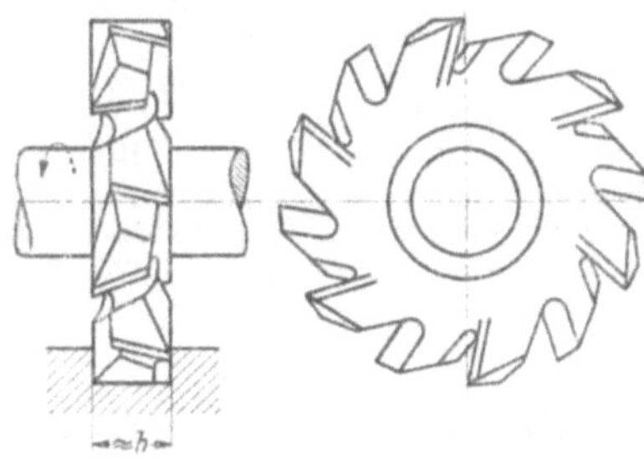

Abb. 14. Fräsen tiefer Nuten. Kreuzverzahnte Scheibenfräser arbeiten besonders auf zähen Werkstoffen vorteilhaft.

Fräsmaschinen hergestellt; Nuten ohne Auslauf mit Schaftfräsern auf Senkrecht-Fräsmaschinen (vgl. Abschn. V). Für kurze oder flache Schnitte genügen seitlich hohl geschliffene Nutenfräser ohne Seitenzähne (Abb. 12a) und Schlitzfräser oder hinterdrehte Nutenfräser (auch kreuzverzahnte) (Abb. 13). Genaue Nutenbreiten können nur mit letzteren eingehalten werden, da sich die Fräserbreite beim Nachschleifen nicht ändert. Für lange Schnitte und tiefe Nuten verwendet man besser Scheibenfräser, die auf drei Seiten schneiden (Abb. 12 b). Sie haben für schwere Schnitte eine größere Teilung und seitlich ausgeklinkte Zähne, so daß sie abwechselnd rechts und links schneiden (Abb. 13). Bei größeren Breiten verwendet man sie auch in gekuppelter Ausführung (Abb. 15). Hierdurch wird das Nachstellen der Fräser auf ihre ursprüngliche Breite ermöglicht. Zu diesem Zwecke wird vor dem Scharfschleifen ein entsprechend dicker Zwischenring zwischen die beiden Hälften gelegt. Größere Scheibenfräser haben auch eingesetzte Messer und Hartmetallschneiden (Abb. 16). Betriebswerte für Schnellstahl siehe Tabelle 3.

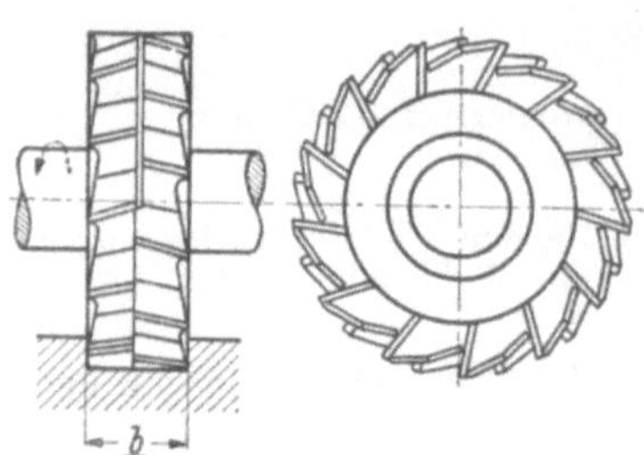

Abb. 15. Fräsen von tiefen Nuten genauer Breite mit gekuppeltem Scheibenfräser. Fräser kann beim Nachschleifen durch Zwischenringe wieder auf die ursprüngliche Breite gebracht werden.

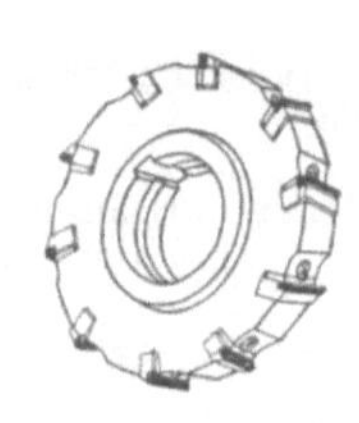

Abb. 16. Scheibenfräser mit eingesetzten Messern. Hartmetallmesser sind günstig für Werkstoffe, die starken Schneidenverschleiß hervorrufen.

Tabelle 3. *Schnittgeschwindigkeit und Vorschub beim Nutenfräsen mit HS-Fräsern*
(Richtwerte für Gegenlauf).

Werkstoff	Schruppen		Schlichten	
	Schnitt-geschwindigkeit m/min	Vorschub-geschwindigkeit mm/min	Schnitt-geschwindigkeit m/min	Vorschub-geschwindigkeit mm/min
Weicher Stahl	18···22	50···71	22···25	32···40
Vergüteter Stahl, 110 kg/mm² Fest.	12···14	32···45	14···16	20···25
Grauguß, Brinellhärte 180 kg/mm²	16···18	71···90	18···22	40···50
Leichtmetalle	200···250	180···220	250···315	90···120
Messing	32···40	112···140	40···50	63···80

Die Werte gelten für $b=a=0,2\ D$.

Abb. 17. Beispiel: Fräsen von Nuten in Platte.

Beispiel:

Werkstück: Platte aus St 50.11, 300 mm lang (Abb. 17).
Arbeitsgang: Mit Nuten 17×28 versehen.
Werkzeug: Kreuzverzahnte HS-Scheibenfräser ähnlich DIN 885 A Typ N, 125 mm Durchmesser, 17 mm breit, 32 mm Bohrung.
Maschine: Waagerecht-Fräsmaschine 3 kW.
Spannart: Werkstück mit Spanneisen auf Tisch, Fräser auf Dorn mit Gegenlager.
Arbeitsbedingungen: Schnittiefe $a=28$ mm, Fräsbreite $b=17$ mm,

		Gegenlauf	Gleichlauf	
Schnittgeschwindigkeit	$v=$	22	36	m/min
Vorschubgeschwindigkeit	$s'=$	36	71	mm/min.

Kühlmittel: Kühlmittelöl (Emulsion 1 : 20).

Für Gleichlauffräsen sind Fräser mit besonderen Schnittwinkeln (vgl. Abb. 4 S. 5) und verstärkter Bohrung erforderlich.

b) Formflächen mit geraden Begrenzungslinien, beispielsweise Prismen, flächen, Winkelführungen und Werkzeugnuten, werden mit gefrästen Formfräsern bearbeitet (Abb. 18 u. 19). In gleicher Weise können auch breite und zusammengesetzte geradlinige Formen (Abb. 20) mit einem Fräsersatz hergestellt werden, der aus verschiedenen Walzen-, Scheiben- oder Stirnfräsern besteht.

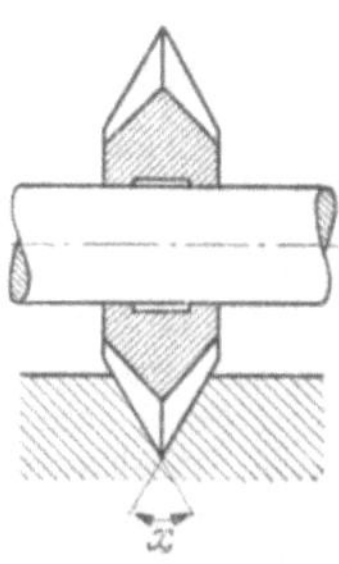

Abb. 18. Fräsen einer prismatischen Führung mit gleichseitigem Winkelfräser (Prismenwinkel x nach DIN 847 45°, 60°, 90°).

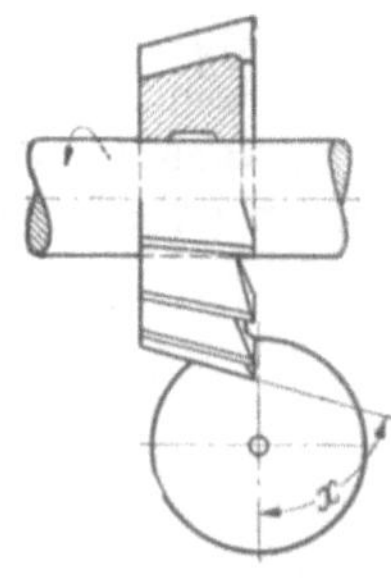

Abb. 19. Fräsen von geraden Werkzeugnuten mit einseitigem Winkelfräser.

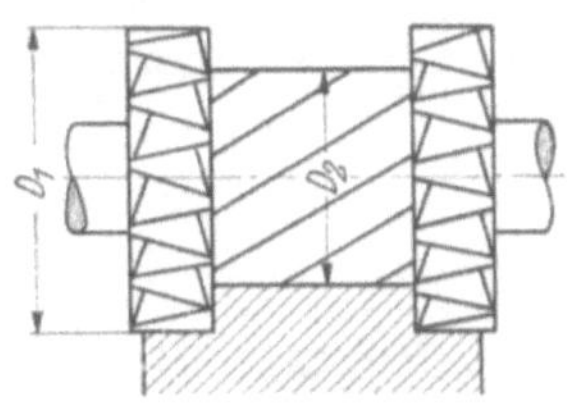

Abb. 20. Fräsen einer geradlinig begrenzten Formfläche mit Fräsersatz. Absatz $(D_1 - D_2)/2$ ist möglichst so zu wählen, daß normale Fräserdurchmesser verwendet werden können.

Beispiele:

1. Werkstück: Führungsplatte aus St 60.11 (Abb. 21).
Arbeitsgang: Prismenführung aus dem Vollen schruppen.
Werkzeug: HS-Winkelstirnfräser DIN 842, Fräserwinkel 50°, 100 mm Durchmesser, 32 mm breit, 27 mm Bohrung.
Maschine: Senkrecht-Fräsmaschine 3 kW.
Spannart: Werkstück auf Tisch mit Spanneisen, Fräser fliegend auf Dorn.
Arbeitsbedingungen: Prismenhöhe 34 mm, Schnittgeschwindigkeit $v=22$ m/min, Vorschubgeschwindigkeit $s'=36$ mm/min.
Kühlung: Kühlmittelöl (Emulsion 1 : 15).

Abb. 21. Beispiel: Fräsen einer Winkelführung (Fräswinkel nach DIN 842 50°).

2. Werkstück: Führungsteil aus Grauguß Brinellhärte 180 (Abb. 22).
Arbeitsgang: Führungsbahn fertigschruppen.
Werkzeug: Fräsersatz, bestehend aus zwei kreuzverzahnten HS-Scheibenfräsern, DIN 885 A Typ H, 125 mm Durchmesser, 16 mm breit, 32 mm Bohrung, und zwei HS-Walzenstirnfräsern ähnlich DIN 841 H, 110 mm Durchmesser, 60 mm breit, 32 mm Bohrung.
Maschine: Waagerecht-Fräsmaschine 7,5 kW.

Abb. 22. Beispiel: Fräsen einer Führungsbahn.

Spannart: Werkstück auf Tisch in einfacher Spannvorrichtung, Fräsersatz auf doppelt gelagertem Dorn.
Arbeitsbedingungen: Schnittiefe bzw. -breite entsprechend der Werkstoffzugabe 3···5 mm

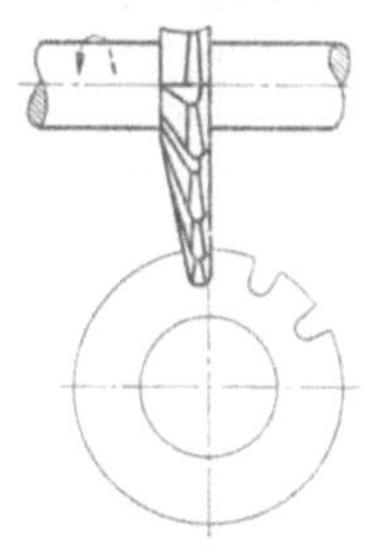

Abb. 23. Formfräsen von geraden abgerundeten Werkzeugnuten mit hinterdrehtem Lückenfräser DIN 1824 A.

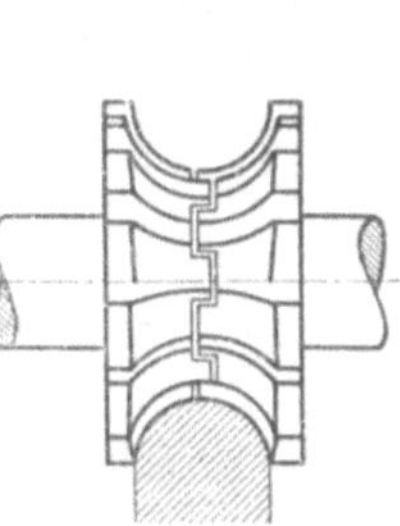

Abb. 24. Formfräsen einer Rundung mit gekuppeltem Halbkreisformfräser.

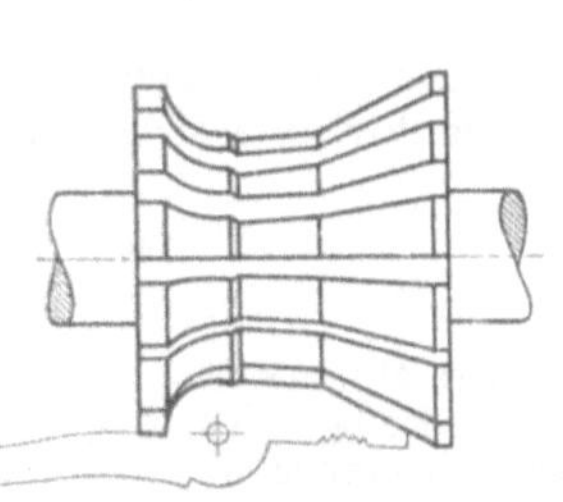

Abb. 25. Formfräsen von Zangenteilen mit hinterdrehtem Formfräser.

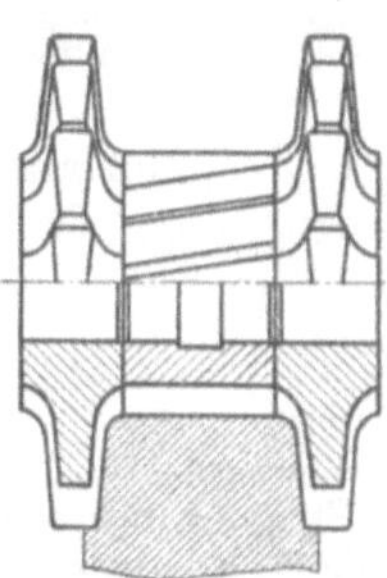

Abb. 26. Formfräsen eines Schienenkopfes mit hinterdrehtem Satzfräser.

(vgl. Abb. 21), Schnittgeschwindigkeit $v=18$ m/min, Vorschubgeschwindigkeit $s'=50$ mm/min.
Ohne *Kühlmittel.*

c) Für gekrümmte Formflächen (Abb. 23 u. 24) sind hinterdrehte Formfräser erforderlich. Sie lassen sich in einfacher Weise an der Zahnbrust nachschleifen, ohne daß sich das Profil ändert. Auch diese Fräserart kann in geeigneten Fällen zu Sätzen zusammengestellt werden (Abb. 25 u. 26).

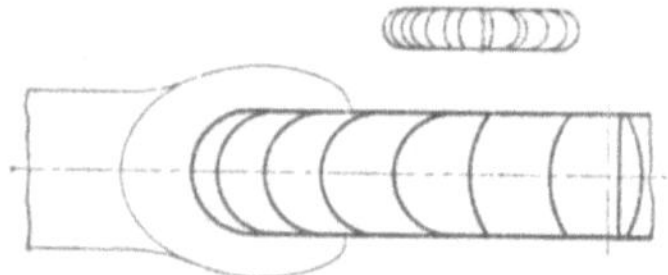

Abb. 27. Beispiel: Formfräsen einer Gabel.

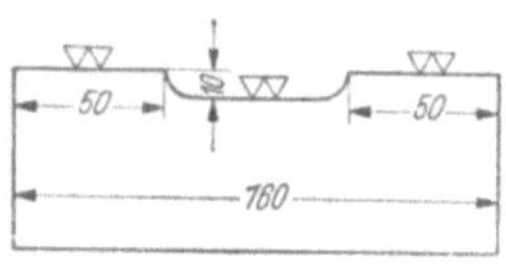

Abb. 28. Beispiel: Fräsen von Formstücken.

Beispiele:

1. Werkstück: Gabel aus Temperguß (Abb. 27).
Arbeitsgang: Fertigschruppen einer halbkreisförmigen Aussparung im Gegenlauf.
Werkzeug: Hinterdrehter Halbkreisformfräser DIN 856 ($r=10$ mm) aus HS, 90 mm Durchmesser, Bohrung 27 mm.
Maschine: Senkrecht-Fräsmaschine 2 kW.
Spannart: Werkstück waagerecht auf Tisch in Vorrichtung, Fräser fliegend auf Dorn.
Arbeitsbedingungen: Schnittiefe $a=10$ mm, Fräsbreite $b=20$ mm, Schnittgeschwindigkeit $v=18$ m/min, Vorschubgeschwindigkeit $s'=22$ mm/min.
Kühlung: Kühlmittelöl (Emulsion 1 : 15).
2. Werkstück: Formstücke aus legiertem Stahl (34 Cr 4), vergütet auf 90 kg/mm^2 Festigkeit (Abb. 28).
Arbeitsgang: Form in einem Arbeitsgang im Gleichlauf fertigfräsen.
Werkzeug: Fräsersatz, bestehend aus zwei Walzenfräsern 100 mm Durchmesser und einem Formfräser 120 mm Durchmesser mit schrägen Nuten und großem Spanwinkel (Profilberichtigung erforderlich!).
Maschine: Gleichlauf-Waagerecht-Fräsmaschine 7,5 kW.
Spannart: Werkstück in Schraubstock, Fräser auf Dorn 40 mm Durchmesser.
Arbeitsbedingungen: Fräsquerschnitt gemäß Abb. 28, Schnittgeschwindigkeit $v=22$ min/m, Vorschubgeschwindigkeit $s'=63$ mm/min.
Kühlmittel: Schneidöl.

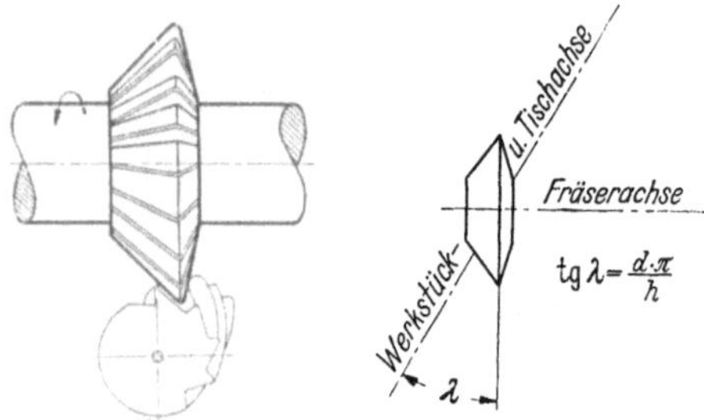

Abb. 29. Formfräsen schraubenförmiger Werkzeugnuten mit doppelseitigem Winkelfräser.

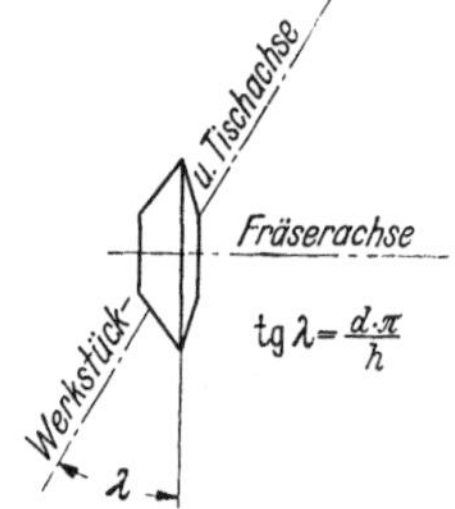

Abb. 30. Tischeinstellung beim Fräsen schraubenförmiger Nuten.

d) Schraubenförmige Nuten werden mit hinterdrehten oder gefrästen Formfräsern auf Universal-Fräsmaschinen gefräst (Abb. 29). Zu diesem Zweck muß der Aufspanntisch um den Drallwinkel aus der Nullstellung herausgedreht werden. Während des Fräsens dreht sich die Teilkopfspindel mit dem Werkstück langsam, während sich der Aufspanntisch im Steigungswinkel der Schraubenlinie verschiebt. Die Teilkopfspindel wird durch Wechselräder von der Tischspindel aus angetrieben. Hierbei ist die Drehrichtung der Steigungsrichtung anzupassen. Der Schwenkwinkel (Drallwinkel) λ (Abb. 30) ergibt sich aus

$$\operatorname{tg} \lambda = \frac{d\,\pi}{h}.$$

Hierin:

d Werkstückdurchmesser in Millimeter,
h Steigung der schraubenförmigen Nut des Werkstückes in Millimeter.
Die erforderliche Räderübersetzung wird berechnet aus:

$$\frac{\text{treibende Räder (Zähnezahl)}}{\text{getriebene Räder (Zähnezahl)}} = \frac{kH}{h}.$$

H Steigung der Vorschubspindel in Millimeter,
k Anzahl der für eine Werkstückumdrehung erforderlichen Kurbelumdrehungen (meist $k=40$).

Tabelle 4. *Schnittgeschwindigkeit und Vorschub beim Fräsen mit hinterdrehten Formfräsern* (*Richtwerte für Gegenlauf*).

Werkstoff	Schruppen		Schlichten	
	Schnitt-geschwindigkeit m/min	Vorschub-geschwindigkeit mm/min	Schnitt-geschwindigkeit m/min	Vorschub-geschwindigkeit mm/min
Weicher Stahl	14···18	28···36	18···25	18···28
Vergüteter Stahl, 110 kg/mm² Fest.	10···13	18···22	13···16	14···18
Grauguß, Brinellhärte 180 kg/mm²	13···16	36···45	16···20	28···36
Leichtmetalle	125···160	71···90	160···250	50···80
Messing	25···32	56···71	32···40	40···63

Die Werte der Tabelle 4 gelten für $a = 0{,}05\,D$ und übliche Schnittbreiten z. B. für halbkreisförmige Fräser). Bei größeren Breiten sind die Vorschübe entsprechend herabzusetzen.

4. Fräsen auf Nachformfräsmaschinen (Kopierfräsmaschinen). Unregelmäßig begrenzte Flächen, wie sie beispielsweise bei Automatenkurven, Stanz-, Präge- und Ziehwerkzeugen, Gesenken und Formen, Pleuelstangen, Turbinenschaufeln u. a. Formteilen auftreten, lassen sich durch Nachformfräsen wirtschaftlich und genau (mittlere Abweichung $\pm$ 0,05 mm) herstellen. Man unterscheidet hierbei Fräsen von Umrißformen und Fräsen von Raumformen.

a) Beim Fräsen von Umrißformen wird ein Taststift oder eine Führungsrolle an der Schablone entlang geführt und dadurch die Bewegung des Werkzeuges gesteuert (Abb. 31). Es sind also jeweils Schablone und Werkstück sowie Taststift und Werkzeug mit einander verbunden. Bei der Herstellung kleiner Gesenke und Formen wird die Maschine von Hand bedient. Soweit die Anschaffung einer Nachformfräsmaschine nicht lohnt, kann man durch Beschaffung einer Zusatzeinrichtung jede kräftige Senkrechtfräsmaschine in eine Nachformfräsmaschine verwandeln [*10*]. Zu diesem Zweck wird auf die Pinole des Frässpindelkopfes ein Halter, der den Führungsstift trägt, geschoben und festgeklemmt und zugleich auf den Maschinentisch ein Nachformfrästisch aufgesetzt. Beim Nachformfräsen bewegt sich das Werkstück mit der Schablone selbsttätig

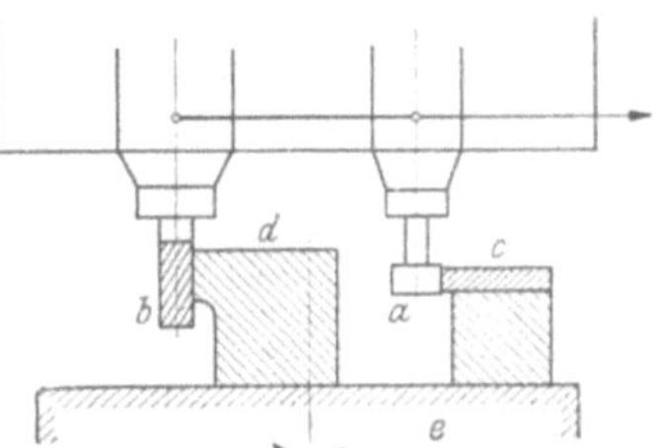

Abb. 31. Nachformfräsen von Umrißformen. Führungsrolle a steuert Bewegung des Fräsers b, der mit ihr gekuppelt ist. Die Rolle wird an Schablone c geführt; diese ist zusammen mit Werkstück d fest auf den Tisch e gespannt, der sich dreht oder vorschiebt.

geradlinig (zeilenförmig), zuweilen auch kreisförmig (Hauptbewegung). Gleichzeitig wird durch Schablone und Taststift eine Zusatzbewegung erzwungen (Nebenbewegung). Diese bewirkt die Abweichung der auszuarbeitenden Form von der Geraden oder vom Kreis; sie wird entweder von Schablone und Werkstück oder von Taststift und Werkzeug ausgeführt.

Eine Weiterentwicklung der Koordinaten-Fräsmaschinen stellen die Rundtisch-Fräsautomaten mit Fühlerhebelsteuerung [*11*] dar, die für die verschiedensten Nachformarbeiten im „Pausenlos-Fräsen" [*12*] eingesetzt werden können.

Die gewünschte Werkstückform erreicht man bei Handbedienung mit zwei Schnitten (Vor- und Fertigfräsen). Es empfiehlt sich, sämtliche Werkstücke der Reihe nach mit einem Aufmaß von etwa 0,5 mm vorzufräsen und dann nach Neueinstellen des Taststiftes fertigzufräsen. Auf diese Weise erhält man gleichmäßige und genaue Werkstücke. Die durch Scharfschleifen bedingten Unterschiede des Fräserdurchmessers können mühelos durch höhere oder tiefere Einstellung des Taststiftes ausgeglichen werden, wenn der Tastzapfen des Stiftes kegelig ausgeführt wird (Abb. 32). Als Werkzeuge werden meist Schaftfräser mit Zylinderschaft und mit Morsekegel (Durchmesser 6 bis 20 mm) benutzt. Damit die Schneiden nicht einhaken, soll der Spanwinkel

Abb. 32 a u. b. Durchmesserverringerung des nachgeschliffenen Fräsers kann durch Nachstellen des Taststiftes ausgeglichen werden. *a* neuer Fräser — Stift unten; *b* abgenutzter Fräser — Stift oben.

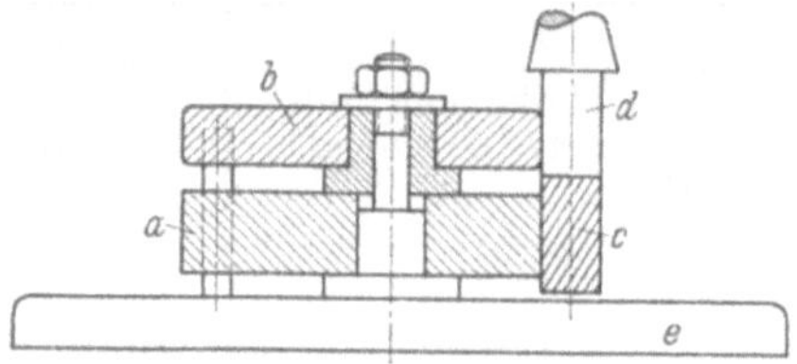

Abb. 33. Auch der Fräserschaft kann unmittelbar als Führungsstift dienen. *a* Werkstück, *b* Nachformschablone, *c* Fräserschneiden, *d* Führungsteil des Schaftes, *e* Tisch.

klein sein. Andererseits ist ein Drallwinkel von 10 bis 25° empfehlenswert. Mit Nachformfrästischen können Werkstücke bis etwa 15 mm Dicke gefräst werden. Beim Fräsen dickerer Bleche benutzt man auch den Schaft des Nachformfräsers zur Führung (Abb. 33). Der Führungsteil des Schaftes muß dann gehärtet sein.

b) Beim Fräsen von Raumformen wird das Urstück (Modell) mit einem Fühlfinger räumlich abgetastet. Dieser Fühler steuert die Bewegung des Werkzeuges mechanisch (z. B. mit Pantographen) oder elektrisch (auch hydraulisch, elektrisch-hydraulisch oder pneumatisch) [*13*]. Bei einfachen Raumformfräsmaschinen wird der Maschinentisch so gekurbelt, daß der Fühler innerhalb der Formwand des Urstückes bleibt. Das Werkstück und das Urstück sind auf dem Frästisch aufgespannt und führen die gleichen Bewegungen aus. Auf diese Weise bearbeitet der Fräser das Werkstück nach der

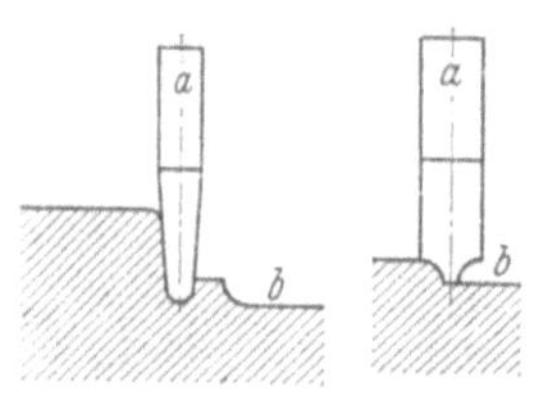

Abb. 34. Anpassen der Form des Nachformfräsers an die des Werkstückes. *a* Fräser, *b* Werkstück.

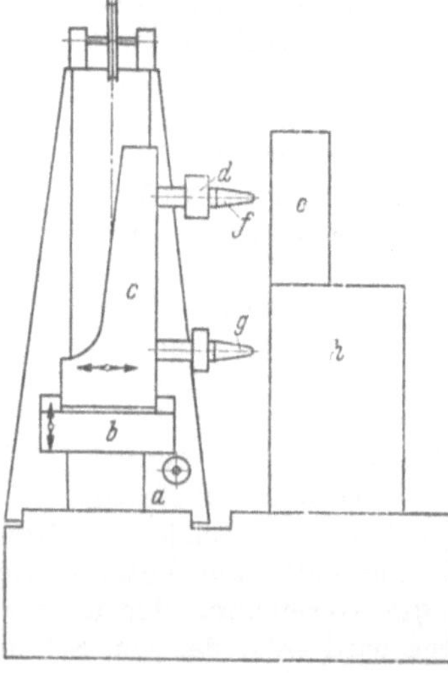

Abb. 35. Aufbau einer selbsttätigen Nachformfräsmaschine für Raumformen. *a* Antrieb für Querbewegung, *b* Schlitten für Senkrechtbewegung, *c* Schlitten für Längsbewegung (vorwärts oder rückwärts), *d* elektrische Steuerung, *e* Urstück (Modell), *f* Fühler (Taststift), *g* Nachformfräser, *h* Werkstück.

Form des Urstückes, das aus Gips, Holz, Leichtmetall oder ähnlichen Werkstoffen hergestellt sein kann. Durch geschickte Anpassung der Fräserform (Abb. 34) kann schnell und genau gearbeitet werden [*14*]. Bei großen Formen ist diese Arbeitsweise zu mühselig. Man arbeitet dann mit hoher Maßgenauigkeit auf selbsttätigen Nachformmaschinen [*15, 16*], z. B. mit elektrischer Steuerung (Abb. 35). Die Wirkungsweise eines Fühlers für elektrische Steuerung ist in Abb. 36 gezeigt. Steht der Fühler in Stellung I, so bewegt sich der Nachform- und Frässchlitten auf das

Modell zu. Hierbei dringt der Fräser in das Werkstück ein. Bei Stellung II bewegen sich beide Schlitten quer zur Fräserachse in gleichbleibender Tiefe. Wenn Stellung III erreicht wird, fahren Nachform- und Frässchlitten quer zur Fräserachse und zugleich aus dem Modell heraus, also schräg rückwärts. Stellung IV leitet die Bewegung der Schlitten vom Modell weg ein. Hierbei geht der Fräser aus dem Werkstück heraus. Die Fühlerspindel ist so gelagert, daß sie sowohl auf axialen wie auf seitlichen Druck anspricht. Es genügen schon kleine Bewegungen des Fühlerkopfes, um die Kontakte zu schließen. Beim Fräsen wird das Urstück entweder in waagerechten Zeilen hin und her abgetastet, wobei nicht nur nach unten, sondern auch nach oben weitergeschaltet werden kann, oder senkrecht mit Weiterschaltung nach rechts oder nach links. Wichtig ist, daß Modell und Werkstück genau ausgerichtet über- oder nebeneinander aufgespannt sind. Da der Fühlerdruck gering ist, genügen auch bei diesem Fräsverfahren Urstücke aus verhältnismäßig weichem Werkstoff, beispielsweise Holz, Gips oder Zement. Derartige Raumformfräsmaschinen können für die Bearbeitung sehr großer Werkstücke bis zu 5 m Länge, 2 m Höhe und 700 mm Tiefe verwendet werden und arbeiten halb- oder vollautomatisch.

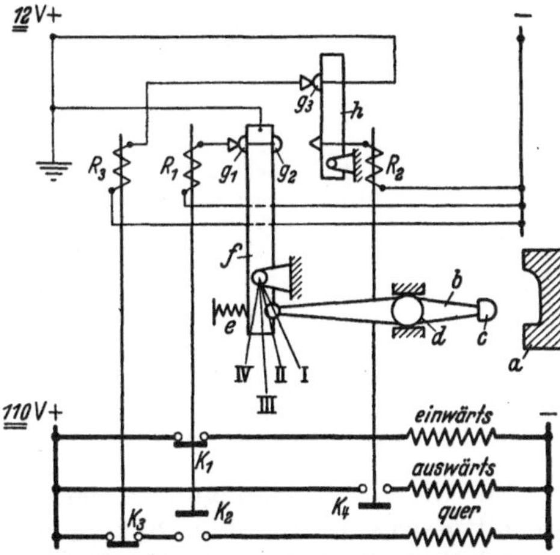

Eine weitere Entwicklungsstufe stellen elektrische Nachformfräsmaschinen dar, die selbsttätig nach gezeichneten Linien arbeiten [17].

Für die Wahl der Schnittgeschwindigkeit beim Nachformfräsen gelten etwa die in Tabelle 4 für Formfräser angegebenen Richtwerte (S. 13).

5. Fräsen von Nuten auf Langloch- (Keilnuten-) Fräsmaschinen. Keilnuten, Schlitze und ähnliche Formnuten werden vorteilhaft auf selbsttätig arbeitenden Langloch-Fräsmaschinen gefräst. Bei dem in Abb. 37 dargestellten Verfahren bewegt sich der Tisch der Fräsmaschine stetig hin und her. Bei jeder Bewegungsumkehr wird der Fräser stufenweise zugestellt und zerspant so den abzuhebenden Werkstoff. Wenn die eingestellte Frästiefe erreicht ist, wird der Vorschub unterbrochen und der Fräser zurückgezogen.

Der Fräser taucht nur wenig in den Werkstoff ein und braucht infolgedessen nur an der Stirnseite scharfgeschliffen zu werden. Der Fräserdurchmesser bleibt daher auch bei wiederholtem Nachschleifen der gleiche. Auf Maschinen mit Schwingkopf [18] können zusätzlich kleine Abweichungen des Fräserdurchmessers durch Nachstellen eines Exzenters ausgeglichen werden. Da somit eine große Anzahl lehren-

Abb. 36. Grundsätzliche Schaltung der elektrischen Fühlersteuerung einer Nachformfräsmaschine (Bauart *Collet & Engelhard*).

Stellung I: Schlitten vorwärts in Richtung auf Modell.
Stellung II: Schlitten quer in gleichbleibender Tiefe.
Stellung III: Schlitten quer und rückwärts.
Stellung IV: Schlitten rückwärts vom Modell weg.

a Modell; b Fühlerhebel; c Fühlerkappe (in Form und Durchmesser gleich dem Fräser); d längs verschiebbarer Schwenkzapfen für b; e Feder, die b gegen das Modell a drückt; f Steuerhebel für die Steuerkontakte g_1 und g_2; h Steuerhebel für Steuerkontakt g_3.

Stellung der Kontakte				Steuerbewegung des Schlittens
Fühlerstellung	g_1	g_2	g_3	
I				einwärts
II				quer
III				quer und auswärts
IV				auswärts

haltiger Nuten mit ein und demselben Fräser hergestellt werden kann, werden Werkzeuge gespart. Außerdem brauchen die Keile nicht eingepaßt zu werden.

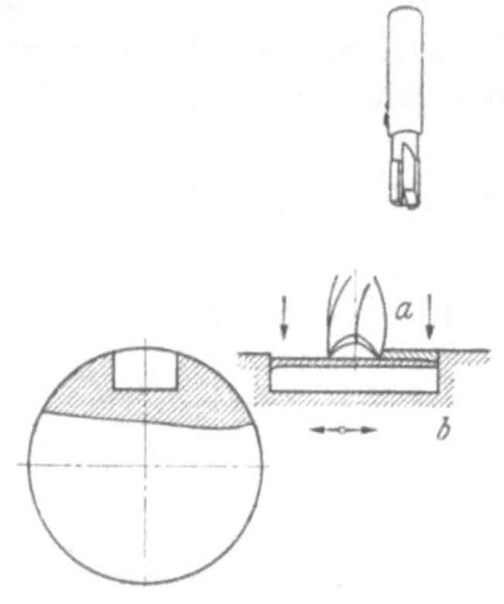

Abb. 37. Nutenfräsen auf Langlochfräsmaschinen. Nuten-(Langloch-)Fräser *a* wird kurz vor Bewegungsumkehr zugestellt. Werkstück *b* fährt mit Tisch hin und her.

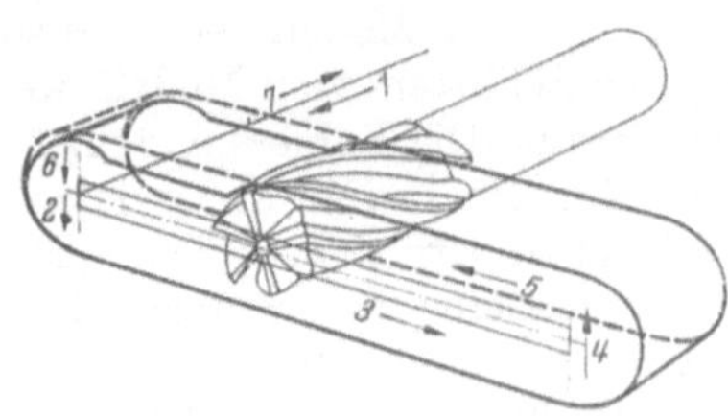

Abb. 38. Arbeitsweise eines Bohrnutenfräsers.
Der sogenannte Bohrnutenfräser fährt mit Bohrvorschub auf volle Nutentiefe vor (*1*). Frässchlitten senkt sich dann (*2*) um den halben Unterschiedbetrag von Fräserdurchmesser und Nutenbreite, bewegt sich längs (*3*) mit Arbeitsvorschub bis zum andern Nutenende und hebt sich dort (*4*) um den ganzen Unterschiedbetrag auf volle Nutenbreite. In dieser Stellung fährt die Längsschlittenplatte mit Eilgangsgeschwindigkeit in die Ausgangsstellung (*5*) zurück. Schließlich senkt sich der Frässchlitten wieder auf Mittelstellung (*6*) und die Pinole geht im Eilgang zurück (*7*), wonach die Frässpindel stillgesetzt wird. Beispiel für Arbeitsleistung: Fräsen einer Keilnute 16 × 50 × 6,2 mm (Passung N 7) in 0,90 min.

Für die Arbeitsbedingungen gelten folgende Richtwerte:
Schnittgeschw. für Stahl bis 70 kg/mm² und Grauguß $v = 22 \cdots 28$ m/min,
Vorschubgeschw. für Stahl bis 70 kg/mm² $s' = 250 \cdots 325$ mm/min,
Für Grauguß bis 180 kg/mm² Brinellhärte $s' = 300 \cdots 375$ mm/min,
Zustellung je nach Nutenbreite und -tiefe $0,1 \cdots 0,175$ mm je Hub.

Eine andere vorteilhafte Arbeitsweise [*19*] zeigt Abb. 38.

6. Formfräsen mit Sondereinrichtungen. Verschiedene Formfräsarbeiten lassen sich auch auf gewöhnlichen Fräsmaschinen und mit einfachen Fräsern ausführen, wenn Sondereinrichtungen auf dem Maschinentisch oder am Spindelkopf angebracht werden.

a) Rundfräsen. Runde Formstücke werden in manchen Fällen vorteilhafter gefräst (anstatt gedreht), z. B., wenn gelernte Arbeitskräfte fehlen oder die Rundung nicht auf dem ganzen Umfang erforderlich ist. Zum Rundfräsen wird das Werkstück in einem vom Vorschubgetriebe angetriebenen Rundtisch zentrisch aufgenommen und an den umlaufenden Fräser herangekurbelt (Abb. 39). Dann schaltet man die

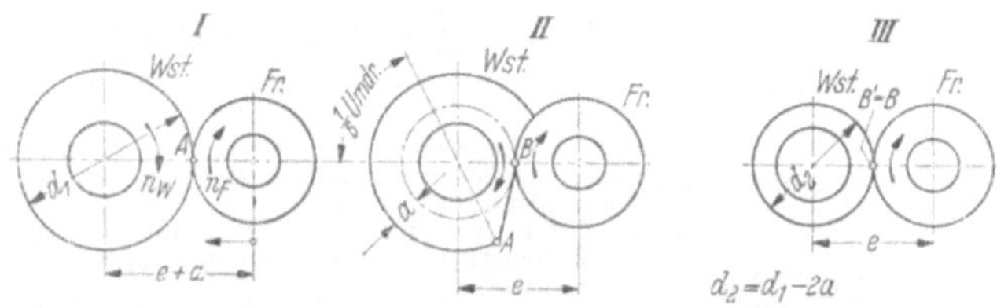

Abb. 39. Anordnung beim Rundfräsen (*Wst.* = Werkstück, *Fr.* = Fräser).
I Beginn des Fräsens (Stellung *A*), Mittenentfernung *e* + *a*.
II Anstellen auf Schnittiefe *a* (Stellung *B*), nach ¹/₆ Umdrehung beendet.
III Nach einer weiteren vollen Umdrehung (Stellung *B'*) Fräsvorgang beendet.

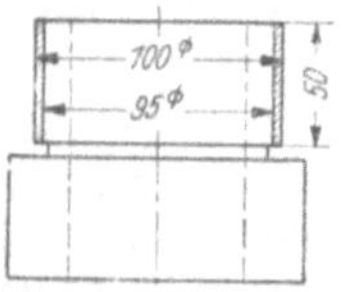

Abb. 40. Beispiel: Außenrundfräsen einer Rohrmuffe.

Drehbewegung des Tisches ein. Nach etwa ¹/₆ bis ¹/₄ Umdrehung des Werkstückes ist die Zustellung beendet und nach einer weiteren Umdrehung das Werkstück fertiggestellt. Auf diese Weise können runde Außen- und Innenformen hergestellt werden.

Beispiele:

1. Werkstück: Rohrmuffe aus St 50.11 (Abb. 40).
Arbeitsgang: Außendurchmesser fertigfräsen.

Werkzeug: HS-Schaftfräser DIN 845 B Typ N, 25 mm Durchmesser.
Maschine: Senkrecht-Fräsmaschine 2 kW mit Rundtisch bzw. Gleichlaufrundtisch.
Spannart: Werkstück auf Dorn im Rundtisch, Werkzeugbefestigung mit Kegelschaft und
Anzugsgewinde in Frässpindel.
Arbeitsbedingungen: Schnittiefe $a=2{,}5$ mm, Fräsbreite $b=50$ mm,

		Gegenlauf	Gleichlauf	
Schnittgeschwindigkeit	$v =$	22	56	m/min,
Vorschubgeschwindigkeit	$s' =$	63	112	mm/min.

Kühlung: Kühlmittelöl (Emulsion 1 : 10).
2. *Werkstück:* Vorgearbeitete Buchse aus Chrom-Molybdän-Stahl
(25 CrMo 4) mit 90 kg/mm² Festigkeit (Abb. 41).
Arbeitsgang: Fertigfräsen von drei Innennuten.
Werkzeug: Fräsersatz, bestehend aus drei kreuzverzahnten HS-Scheibenfräsern, ähnlich DIN 885 A, 90 mm Durchmesser, je 16 mm breit,
32 mm Bohrung.

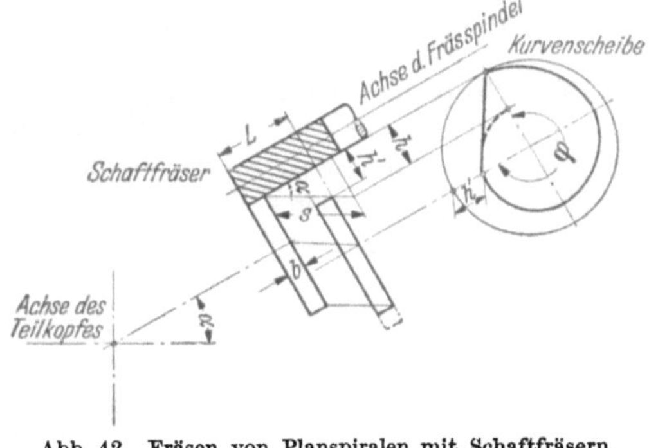

Abb. 41. Beispiel:
Innenrundfräsen der
Nuten einer Buchse.

Maschine: Senkrecht-Fräsmaschine 3 kW mit Rundtisch bzw. Gleichlaufrundtisch.
Spannart: Werkstück von außen zentrisch auf Rundtisch gespannt.
Arbeitsbedingungen: $a=2{,}5$ mm, $b=3\times16=48$ mm,

		Gegenlauf	Gleichlauf	
Schnittgeschwindigkeit	$v =$	18	36	m/min,
Vorschubgeschwindigkeit	$s' =$	45	71	mm/min.

Kühlmittel: Schneidöl.

b) Gewindefräsen. Eine weitere Anwendung des Rundfräsens stellt das
Gewindefräsen mit walzenförmigen Rillenfräsern dar. Wegen seiner großen Bedeutung ist dieses Verfahren gesondert im nächsten Abschnitt C ausführlich behandelt. Nach Aufsetzen einer Gewinde-
fräseinrichtung können auch gewöhnliche Waagerecht-Fräsmaschinen für
Gewindefräsarbeiten benutzt werden.

c) Fräsen von Kurvenscheiben
(Planspiralen), beispielsweise Kurvenscheiben von Hinterdrehbänken, ist
mit einfachen Schaftfräsern möglich,
wenn die Fräsmaschine mit einem
schwenkbaren Spindelkopf ausgerüstet
ist. Die Anordnung zeigt Abb. 42. Die
zu fräsende Kurvenscheibe wird auf
Dorn im Teilkopf aufgenommen. Teilkopfachse und Frässpindel sind hierbei

Abb. 42. Fräsen von Planspiralen mit Schaftfräsern.

unter dem Winkel α einzustellen. Während des Arbeitsganges bewegt sich der
Tisch auf den Fräser zu. Auf diese Weise entsteht als Begrenzungslinie der Kurvenscheibe eine archimedische Spirale.

Die für die Einstellung erforderlichen Werte können folgendermaßen berechnet werden:

Hub h′ aus $\quad h' = \dfrac{h\,\varphi^\circ}{360}$.

Hierin: h Hub der Scheibe bei einer Umdrehung (360°), φ° Umfangswinkel.

Einstellwinkel α aus $\operatorname{tg}\alpha = \dfrac{h'}{L-b}$.

Hierin: L ausnutzbare Schneidenlänge (Arbeitslänge) des Fräsers, b Breite der Kurven-
scheibe.
Tischweg s aus $s=h/\sin\alpha$ (entsprechend einer Umdrehung der Teilkopfachse).
Übersetzungsverhältnis aus

$$\frac{1}{i} = \frac{H\,k}{s}$$

(treibende durch getriebene Räder zum Antrieb der Teilkopfachse, vgl. S. 12).
Hierin: k Schneckenübersetzung des Teilkopfes (k meist 40), H Steigung der Tischspindel.

Beispiel:

Werkstück: Kurvenscheibe aus St 34.11 (Abb. 43), 100 mm Durchmesser, 15 mm breit, 10 mm Hub, Umfangswinkel $\varphi = 300°$.

Arbeitsgang: Kurvenform fräsen.

Werkzeug: HS-Schaftfräser, 32 mm Durchmesser, Schneidenlänge $L = 61$ mm.

Maschine: Universal-Fräsmaschine 2,5 kW mit schwenkbarem Spindelkopf oder entsprechender Zusatzeinrichtung.

Spannart: Werkstück auf Dorn im Teilkopf, Werkzeug im Spindelkopf (mit Kegelschaft und Anzugsgewinde).

Arbeitsbedingungen: Schnittiefe (Größtwert) $a = 2 \times 5$ mm (zwei Schnitte). Fräsbreite $b = 15$ mm, Schnittgeschwindigkeit $v = 28$ m/min, Vorschubgeschwindigkeit $s' = 45$ mm/min.

Kühlmittel: Kühlmittelöl (Emulsion 1 : 20).

Berechnung der Einstellwerte:

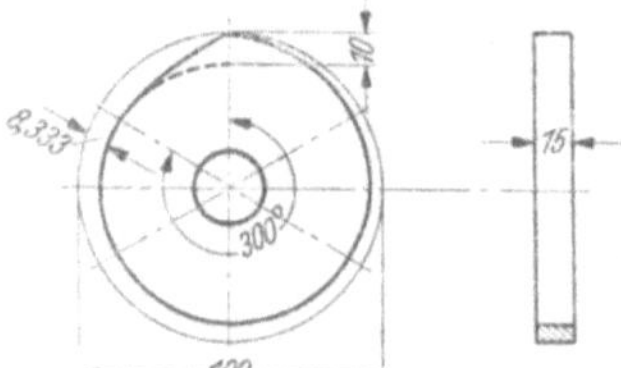

Abb. 43. Beispiel: Fräsen einer Kurvenscheibe.

Hub der Scheibe $h' = \dfrac{10 \cdot 300°}{360°} = 8,333$ mm.

Einstellwinkel $\operatorname{tg} \alpha = \dfrac{8,333}{61-15} = 0,181$; $\alpha = 10°20'$; $\sin 10°20' = 0,179$.

Tischweg $s = 10/0,179 = $ rund 56 mm.

Übersetzungsverhältnis (Steigung der Tischspindel $H = 6$ mm) $\dfrac{1}{i} = \dfrac{6 \cdot 40}{56} = \dfrac{72}{28} \cdot \dfrac{40}{24}$.

C. Gewindefräsen.

Gewindefräsen ist oft vorteilhafter als Gewindeschneiden auf der Drehbank oder auf Gewindeschneidmaschinen; denn die Gewinde können schneller und billiger hergestellt werden. Diese Überlegenheit des Gewindefräsens ist durch das Werkzeug gegeben. Während auf der Drehbank der verhältnismäßig kleine Gewindestahl dauernd im Eingriff ist, arbeiten die vielen Schneiden des Gewindefräsers nacheinander. Sie erwärmen sich infolgedessen wesentlich geringer und langsamer, so daß die Standzeit des Gewindefräsers ein Vielfaches der des Gewindestahles beträgt. Selbst auf harten Werkstoffen ist es möglich, Gewinde mit verschiedenen Durchmessern zu fräsen, ohne daß das Werkzeug häufig ausgewechselt werden muß. Ein weiterer Vorteil ist darin zu sehen, daß angelernte Arbeitskräfte saubere einwandfreie Arbeit ausführen und meist mehrere Maschinen gleichzeitig bedienen können. Man unterscheidet zwischen Kurzgewinde- und Langgewindefräsen.

7. Kurzgewindefräsen mit walzenförmigen Fräsern. a) Kurze Außen- und Innengewinde (Rechts- und Linksgewinde) mit feiner und normaler Steigung, wie sie vor allem in der Feinmechanik und im Fahrzeugbau vorkommen, beispielsweise Gewinde an doppelseitigen Bolzen, Achsen und Verschlußstücken sowie an Hülsen, Rohren und anderen dünnwandigen Teilen. Die üblich herstellbare Gewindelänge entspricht etwa dem Gewindedurchmesser.

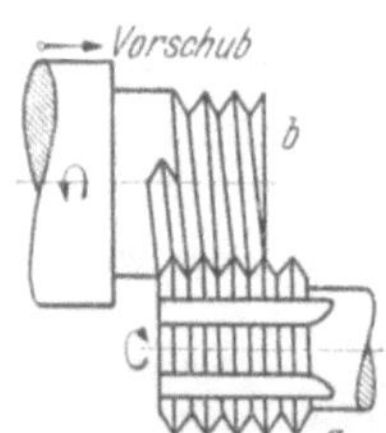

Abb. 44. Kurzgewindefräsen mit Rillenfräsern. Fräser *a* läuft am Ort um, Werkstück *b* dreht sich den Schneiden entgegen und schiebt sich bei einer Umdrehung um den Betrag der Steigung vor.

Arbeitsweise: Das Werkstück wird in einer geeigneten Spanneinrichtung (beispielsweise Dreibackenfutter) der Kurzgewindefräsmaschine aufgenommen und dreht sich während des Arbeitsganges. Gleichzeitig schiebt es sich, entsprechend der Gewindesteigung, parallel zum umlaufenden Fräser vor. Dieser axiale Vorschub wird durch Gewindepatrone, Leitlineal oder Steigungsschablone erzeugt. Zu diesem Zweck sitzt der Werkstückträger auf einem Schlitten, der gleichzeitig das Anstellen des Werkstückes ermöglicht. Als Werkzeuge dienen für Außengewinde walzenförmige Rillenfräser in hinterdrehter oder hinterschliffener

Ausführung (Aufsteckgewindefräser DIN 852), für Innengewinde oft auch ein- oder doppelseitige Schaftgewindefräser (DIN 887/888). Das Gewinde wird in einem Arbeitsgang während etwa $1^1/_6$ Werkstückumdrehung selbsttätig fertiggefräst, und zwar gleichzeitig über die ganze Länge (Abb. 44).

b) So können nicht nur zylindrische, sondern auch kegelige Gewinde hergestellt werden. Soll auch in diesem Falle mit zylindrischen Fräsern gearbeitet werden, dann muß man zusätzlich die Werkstückachse zur Fräserachse schrägstellen (Abb. 45). Andernfalls müssen kegelige Gewindefräser zur Verfügung stehen. Da gleichzeitig viele Fräserzähne in Eingriff sind, fällt das gefräste Gewinde sauber aus, zumal die Späne gut abgeführt und reichliche Kühlmittelmengen zugeleitet werden können.

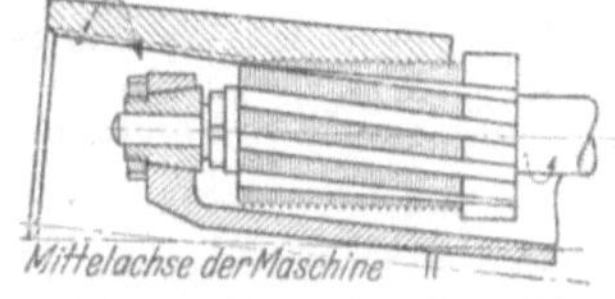

Abb. 45. Fräsen kegeliger Kurzgewinde.

c) Bei sperrigen Werkstücken (Abb. 46) ist es schwierig oder zuweilen unmöglich, das Werkstück umlaufen zu lassen. Für diese Arbeiten sind *Planeten-Kurzgewinde-Fräsmaschinen* vorteilhaft. Auf diesen wird das Werkstück fest eingespannt, während das Werkzeug alle erforderlichen Bewegungen ausführt (Abb. 47).

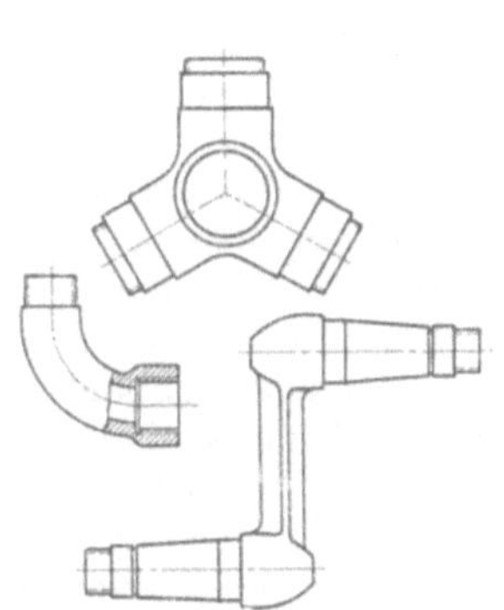

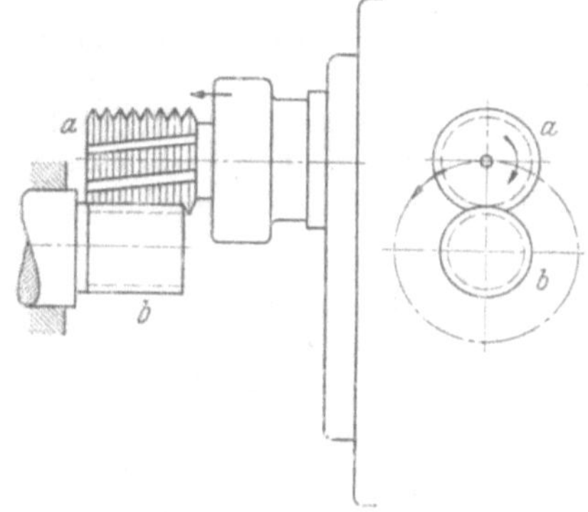

Abb. 46. Sperrige Werkstücke, die mit Gewinde zu versehen sind.

Abb. 47. Fräsen auf Planeten-Gewindefräsmaschine. Gewindefräser *a* läuft um den festeingespannten Bolzen *b*.

Arbeitsgeschwindigkeiten: Während die Schnittgeschwindigkeit v in erster Linie mit Rücksicht auf die Eigenschaften des zu fräsenden Werkstoffes zu wählen ist, hängt die Umfangs-Vorschubgeschwindigkeit s'_u außerdem noch von den Gewindesteigungen und -breiten sowie von der gewünschten Sauberkeit der Gewindeflanken

Tabelle 5a. *Schnitt- und Umfangs-Vorschubgeschwindigkeit für Kurzgewindefräsen.*

Werkstoff des Werkstückes	Schnittgeschwindigkeit m/min	Umfangs-Vorschubgeschwindigkeit mm/min
	für Steigungen bis 2 mm und Gewindebreiten bis 30 mm[1]	
Weicher Stahl	20···35	40···70
Stahl bis 85 kg/mm² Festigkeit	15···25	30···50
Vergüteter Stahl 110 kg/mm² Festigkeit und darüber .	8···14	15···25
Grauguß bis 200 kg/mm² Brinellhärte	15···25	40···70
Bronze u. Messing, je nach Zusammensetzung u. Härte	40···70	50···70
Leichtmetalle	140···200	50···70

[1] Untere Grenze gilt für erhöhte Sauberkeit. Für größere Steigungen und Gewindebreiten Vorschub etwa 30% kleiner wählen.

ab. In den Tabellen 5a und b sind Richtwerte für hinterdrehte walzenförmige Gewindefräser aus Hochleistungsschnellstahl gegeben.

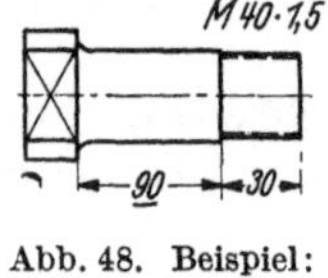

Abb. 48. Beispiel: Fräsen eines Gewindebolzens (Kurzgewinde).

Tabelle 5b. *Leistungsfähigkeit hinterdrehter Kurzgewinde-Fräser aus* HSS (40 mm Durchmesser, metr. Außengewinde).

Werkstoff des Werkstückes	Gesamter Fräsweg (bis zum völligen Verschleiß)
Weicher Stahl	200···300 m
Stahl bis 85 kg/mm²	80···120 m
Vergüteter Stahl 110 kg/mm²	40···60 m

Beispiel:

Werkstück: Gewindebolzen 40 mm Durchmesser aus legiertem Stahl (42 CrMo 4), vergütet auf 110 kg/mm² (Abb. 48).
Arbeitsgang: Außengewinde M 40×1,5, 30 mm breit, fräsen.
Werkzeug: Hinterdrehter Aufsteckgewindefräser DIN 852C aus Hochleistungsschnellstahl, 50 mm Durchmesser, 39 mm breit, 22 mm Bohrung.
Maschine: Kurzgewindefräsmaschine.
Spannart: Werkstück in Dreibackenfutter, Fräser auf Dorn.
Arbeitsbedingungen: Schnittgeschwindigkeit $v=14$ m/min, Vorschubgeschwindigkeit $s'_u=32$ mm/min, Gesamtleistung des Fräsers 250···300 Schnitte (Schrauben).
Kühlmittel: Schneidöl.

8. Langgewindefräsen mit scheibenförmigen Fräsern. Anwendungsgebiet: Lange Außengewinde und Gewinde mit groben, steilgängigen Formen (auch Innengewinde), wie Trapezgewinde, Schneckengewinde, Sägengewinde, beispielsweise Bewegungsspindeln und Förderschnecken, Kupplungsspindeln, Ventilspindeln und Leitspindeln. Bei höchsten Genauigkeitsansprüchen Gewindeflanken nachschleifen.

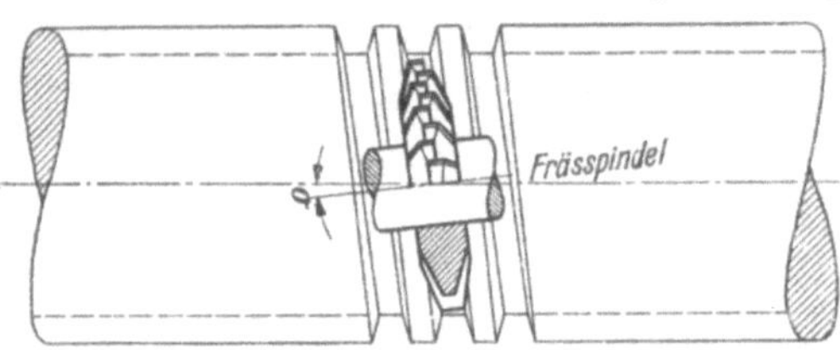

Abb. 49. Langgewindefräsen mit Formfräser. Frässchlitten mit Frässpindel und Fräser führt die Vorschubbewegung aus.

Arbeitsweise: Die Langgewindefräsmaschine ähnelt in ihrem Aufbau einer Leitspindeldrehbank. Der Werkzeugschlitten ist als Frässchlitten ausgebildet. Als Werkzeug dienen meist scheibenförmige, hinterdrehte oder gefräste Gewindeformfräser, z. B. Trapezgewindefräser DIN 1893. Ihr Profil entspricht der Form des zu fräsenden Gewindes. Die Längsbewegung (Vorschubbewegung) führt der Frässchlitten aus, der die Frässpindel mit dem Fräser trägt. Hierbei wird die Frässpindel unter dem Steigungswinkel σ des Gewindes eingestellt. Das Werkstück dreht sich zwischen Spitzen oder im Spannfutter (Abb. 49). Beim Fräsen von Innengewinden muß darauf geachtet werden, daß die Frässpindel nicht an den Innenkanten des Werkstückes anstößt (Abb. 50). Je nach der geforderten Genauigkeit wird der Arbeitsgang in ein bis drei Schnitte

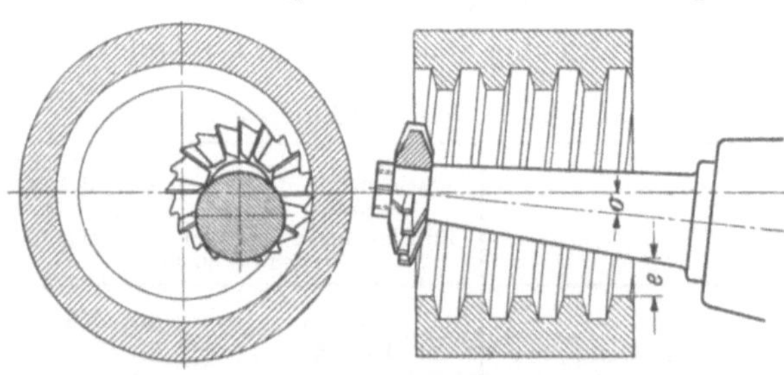

Abb. 50. Innengewindefräsen auf Langgewindefräsmaschine. Abstand $e > 0$ erforderlich.

(Vor- und Fertigfräsen) unterteilt. Auf Schneckenfräsmaschinen führt das Werkzeug nur die Schnittbewegung aus, während alle anderen Bewegungen (Vorschub, Anstellen) dem Werkstückschlitten zufallen.

Arbeitsgeschwindigkeiten: Für die Schnittgeschwindigkeit gelten die gleichen Werte wie beim Kurzgewindefräsen. Die Vorschubgeschwindigkeit dagegen ist abhängig von der Unterteilung des Arbeitsganges und der Gewindesteigung (bei mehrgängigen Gewinden von der Gewindeteilung). Für diese gelten die Richtwerte (für Schnellstahlfräser) der Tabelle 6.

Tabelle 6. *Umfangs-Vorschubgeschwindigkeit für Langgewindefräsen (Richtwerte).*

Werkstoff des Werkstückes	Arbeitsgang	Umfangs-Vorschubgeschwindigkeit mm/min für Gewindesteigung (Teilung)			
		bis 10 mm	10···20 mm	20···35 mm	über 35 mm
Weicher Stahl	Schruppen	40···70	30···40	20···30	20
	Schlichten	30···45	20···30	15···25	15
	Fertigfräsen in einem Schnitt	20···30	15···25	10···15	—
Vergüteter Stahl 110 kg/mm² Festigkeit	Schruppen	14···20	10···15	8···12	8
	Schlichten	10···14	8···12	5···8	5
	Fertigfräsen in einem Schnitt	8···12	—	—	—

Die Leistungen auf hartem Stahl können gesteigert werden, wenn Fräser aus Hochleistungsschnellstahl zur Verfügung stehen.

Beispiele:

1. Werkstück: Gewindespindel aus St 60.11, Trapezgewinde 35 mm Durchmesser, 6 mm Steigung.
Arbeitsgang: In einem Schnitt fertig fräsen.
Werkzeug: Scheibenförmiger HS-Trapezgewindefräser, 70 mm Durchmesser, 22 mm Bohrung.
Maschine: Langgewindefräsmaschine.
Spannart: Werkstück zwischen Spitzen, in Buchse geführt, Werkzeug fliegend auf Dorn.
Arbeitsbedingungen: Schnittgeschwindigkeit $v = 22$ m/min,
Vorschubgeschwindigkeit $s'_u = 32$ mm/min.
Kühlmittel: Schneidöl.
2. Werkstück: Rohr aus St 60.11, eingängiges Trapezgewinde, 60 mm Durchmesser (Innengewinde), 5 mm Steigung, 60 mm Länge.
Arbeitsgang: Vorfräsen.
Werkzeug: Hinterdrehter scheibenförmiger Trapezgewindefräser aus Schnellstahl, 34 mm Durchmesser, 10 mm Bohrung.
Maschine: Langgewindefräsmaschine mit Zusatzeinrichtung.
Spannart: Werkstück im Dreibackenfutter, Werkzeug fliegend auf Sonderfräsdorn.
Arbeitsbedingungen: Schnittgeschwindigkeit $v = 18$ m/min,
Vorschubgeschwindigkeit $s'_u = 71$ mm/min.
Kühlmittel: Schneidöl.

Die *Genauigkeit* des gefrästen Gewindes ist nicht nur von der Unterteilung des Arbeitsganges (Schruppen und Schlichten) abhängig. *Es tritt zusätzlich eine Formverzerrung auf, da der Fräser nachschneidet.* Die Größe des Fehlers nimmt mit der Länge des Eingriffsbogens zu. Gewinde hoher Genauigkeit, beispielsweise Leit- und Meßspindeln, werden daher auf der Drehbank nachgeschnitten oder auf einer Gewindeschleifmaschine fertiggeschliffen.

Auch beim Langgewindefräsen kann die Schnittleistung erheblich gesteigert werden, wenn man Fräser mit HM-Schneiden verwendet. Die entwickelten neuen Verfahren gehören z. T. in das Gebiet des Schlagzahnfräsens (vgl. S. 7).

Beim *Gewindefräsen mit HM-Fräskopf* [20] sind die Eingriffsverhältnisse an sich die gleichen wie bei dem üblichen Langfräsverfahren. Unter Ausnutzung des hochwertigen Schneidstoffes und der Vorteile des Gleichlauffräsens können jedoch wesentlich höhere Schnittgeschwindigkeiten (250 bis 450 m/min) und Vorschübe (350 bis 650 mm/min) erreicht werden.

Die mit *Gewindewirbeln* [21] und *Gewindeschälen* [22] bezeichneten Verfahren stellen ein Außengewindefräsen mit innenverzahntem Fräser („Hohlkreismesser-system") dar (Abb. 51). Beim Gewindewirbeln trägt ein um den Steigungswinkel schräggestellter Stahlhalterring ein oder zwei HM-Stähle, die mit großer Geschwindigkeit ($v = 250$ bis 600 m/min) umlaufen, während sich die zu schneidende Gewindespindel langsam ($n = 3$ bis 25 U/min) in gleicher Richtung dreht. In ähnlicher Weise umkreist beim Gewindeschälen der mit vier bis sechs HM-Meißeln bestückte Schälkopf im Gleichlauf das Werkstück (Gewindedurchmesser 20 bis 70 mm), das durch Lünetten geführt wird. Das Wirbelgerät kann als Zusatzgerät auf den Querschlitten jeder kräftigen Leitspindeldrehbank aufgebaut werden und macht sich daher schon bei kleinen Serien bezahlt. Auf der Gewindeschälmaschine können jährlich bis zu 10000 m Spindeln in einer Schicht geschält werden, was eine größere Reihenfertigung voraussetzt, wenn die Maschine voll ausgenutzt werden soll.

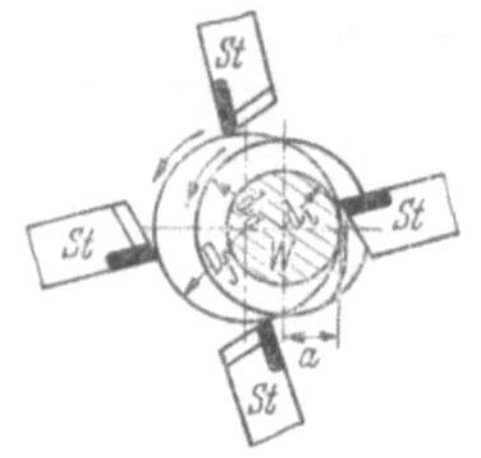

Abb. 51. Arbeitsweise beim Gewindeschälen (4 bis 6 Meißel) und Gewindewirbeln (1 bis 2 Meißel).
W Werkstück, St HM-Meißel, D_f Flugkreisdurchmesser der Werkzeuge, d_a Gewinde-außendurchmesser, d_i Gewindekerndurchmesser, a Umfangsvorschub von Schnitt zu Schnitt.

D. Fräsen von Zahnrädern und Sonderverzahnungen.

Bei der Fertigung von Zahnrädern und Sonderverzahnungen wendet man zwei Fräsverfahren an: Formfräsen und Wälzfräsen.

9. Formfräsen von Verzahnungen (Teilverfahren). *Anwendungsgebiet:* Für Zahnstangen, Zahnräder (Stirn- und Schraubenräder, seltener auch Kegelräder), Kettenräder, Keilwellen, Kerbverzahnungen und ähnliche Profile bei Einzelfertigung.

Arbeitsweise: Das Werkstück wird auf einem Spanndorn im Teilkopf mit Gegenspitze aufgenommen. Als Werkzeug dient ein hinterdrehter scheibenförmiger Formfräser. Sein Zahnprofil entspricht der Form der zu fräsenden Zahnlücken (Abb. 52). Jede einzelne Zahnlücke des Rades wird für sich

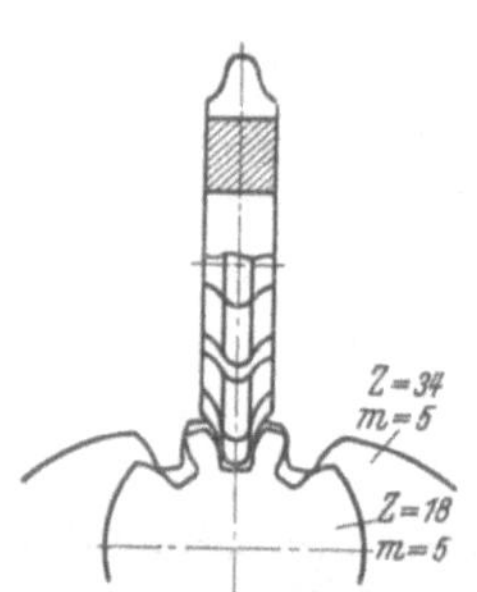

Abb. 52. Formfräsen von Zahnrädern mit hinterdrehtem Zahnformfräser.

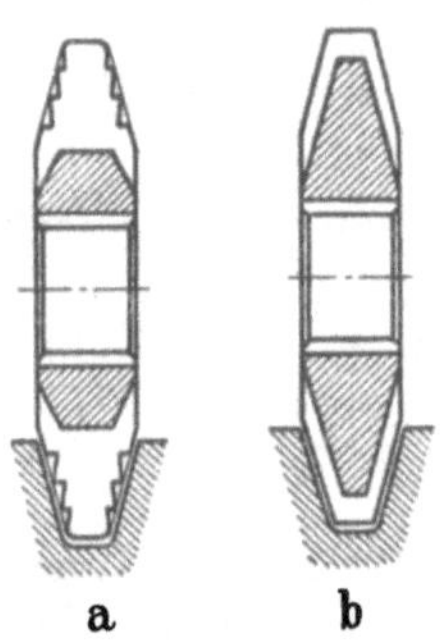

Abb. 53a u. b. Vorfräsen großer Zahnlücken mit Formfräsern.
a stufenförmiges Vorfräsen, *b* formgerechtes Vorfräsen.

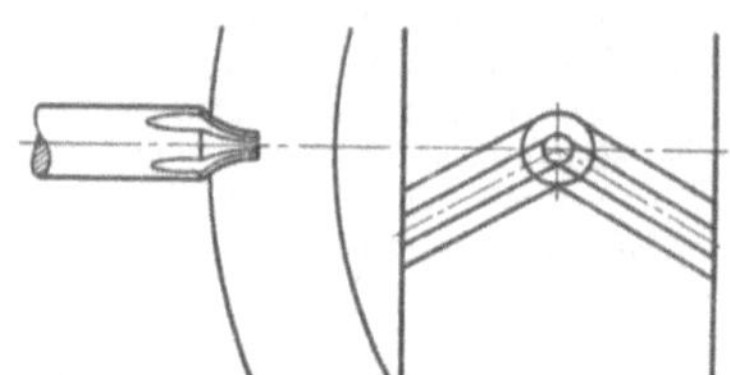

Abb. 54. Fräsen von Pfeilrädern mit Fingerfräser.

Tabelle 7. *Modulfräser-Auswahl.*

Zähnezahl des Zahnrades	Fräser (Nr.)	Zähnezahl des Zahnrades	Fräser (Nr.)
12···13	1	26···34	5
14···16	2	35···54	6
17···20	3	55···134	7
21···25	4	135 und mehr, Zahnstangen	8

Ähnliche Fräsersätze sind auch für Teilungen nach Diametral-Pitch handelsüblich.

gefräst, d. h. das Werkstück wird von Zahn zu Zahn um den durch die Zähnezahl z bestimmten Winkel $360°/z$ weitergeschaltet. Kleine Profile können mit einem Schnitt fertiggefräst werden. Größere Profile dagegen fräst man in der Regel mit besonderen Profilfräsern (Abb. 53) vor. In Sonderfällen, z. B. für das Verzahnen von Pfeilrädern, werden auch Fingerfräser verwendet (Abb. 54).

a) Fräsen von Stirn- und Schraubenrädern mit Modulfräsern. Um nicht für jede einzelne Zahnform einen besonderen Formfräser beschaffen zu müssen, faßt man nach Möglichkeit die Fräser zu Sätzen zusammen. Fräser, deren Profil für eine bestimmte Zähnezahl entworfen ist, werden dann auch für benachbarte Zähnezahlen benutzt, soweit es die Unterschiede der Zahnform (Abb. 52) zulassen. Meist kommt man mit einem achtteiligen Satz aus (Tabelle 7).

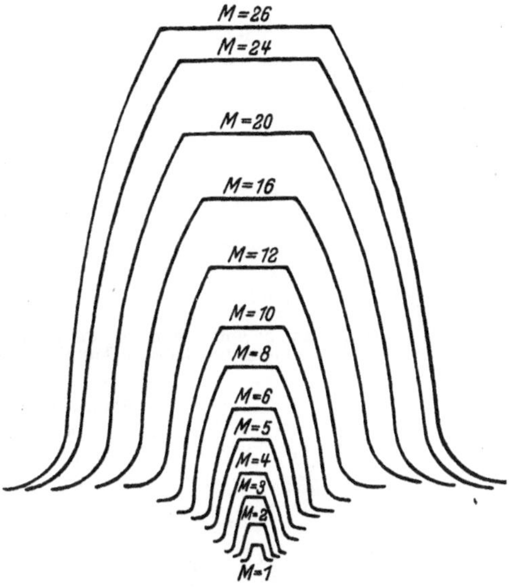

b) Auch zum Fräsen von Schraubenrädern sind Modulfräser geeignet.

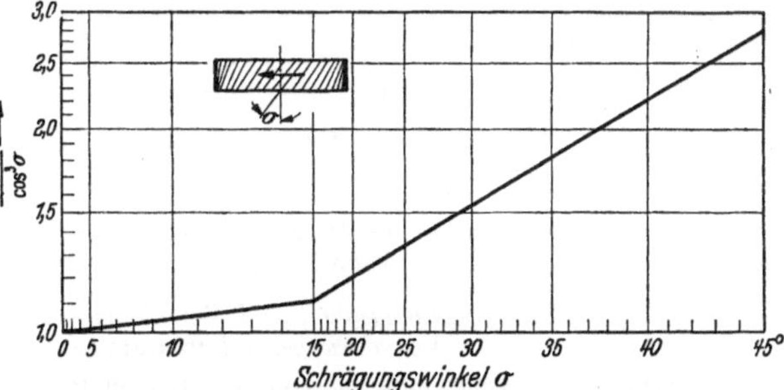

Abb. 55. Stirnradzahnformen Modul 1 bis 26, 40 Zähne.

Hierbei entstehen schraubenförmige Nuten. Entsprechend dem Krümmungshalbmesser des Schraubenrades, der in einer Ebene senkrecht zur Fräsrichtung zu messen ist, kann die Einstellzähnezahl z_e berechnet werden aus

$$z_e = z \cdot 1/\cos^3 \sigma \,.$$

Die Werte für den Faktor $1/\cos^3 \sigma$ sind aus dem Schaubild Abb. 56 zu entnehmen.

Abb. 56. Einstellzähnezahl für Schraubenräder ist abhängig vom Schrägungswinkel: $z_e/z = 1/\cos^3 \sigma$.

Rechnungsbeispiel: Es soll ein Schraubenrad von 32 Zähnen mit einem Schrägungswinkel $\sigma=20°$ gefräst werden. Die Einstellzähnezahl ergibt sich zu $z_e=32\cdot 1{,}2=$ rd. 38. An Stelle des für Stirnräder mit 32 Zähnen üblichen Fräsers Nr. 5 muß demgemäß für dieses Schraubenrad ein Fräser Nr. 6 gewählt werden.

c) Außer Stirn- und Schraubenrädern sowie Zahnstangen können in gleicher Weise auch die verschiedenartigen **Kettenräder, Kerbverzahnungen, Keilwellen und ähnliche Profile** (Abb. 57 u. 58) mit hinterdrehten Fräsern im Teilverfahren verzahnt werden. Tabelle 8 enthält die Arbeitsgeschwindigkeiten im Formfräsen.

Beispiele:

1. Werkstück: Zahnrad aus Stahl 34 CrMo 4 mit 90 kg/mm² Festigkeit, 25 mm breit.
Arbeitsgang: Mit 36 Zähnen Modul 5 versehen.
Werkzeug: HS-Zahnformfräser Modul 5 Nr. 6, 90 mm Durchmesser, 32 mm Bohrung.
Maschine: Universal-Fräsmaschine 5 kW.
Spannart: Werkstück auf Dorn mit Gegenspitze, Werkzeug auf Fräsdorn mit Gegenlager.

Arbeitsbedingungen: Frästiefe $a = 2^1/_6 \cdot$ Modul $= 10,833$ mm, Fräsbreite $b =$ rund 8 mm (Mittelwert), Schnittgeschwindigkeit $v = 14$ m/min, Vorschubgeschwindigkeit $s' = 18$ mm/min.

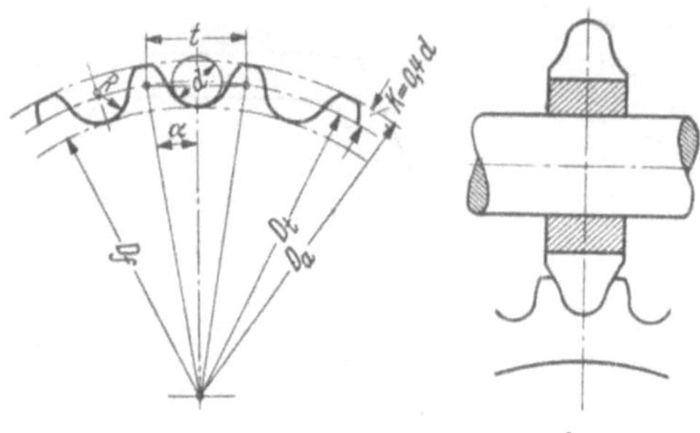

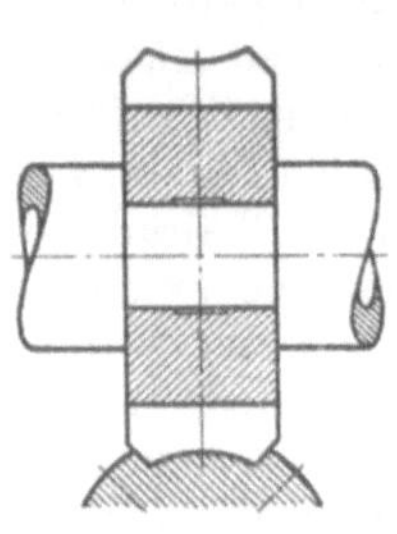

a   b

Abb. 57 a u. b. Formfräsen von Rollenkettenrädern.
a Profil des Rades, *b* Formfräser.

Abb. 58. Formfräsen von Keilwellen mit hinterdrehtem Formfräser.

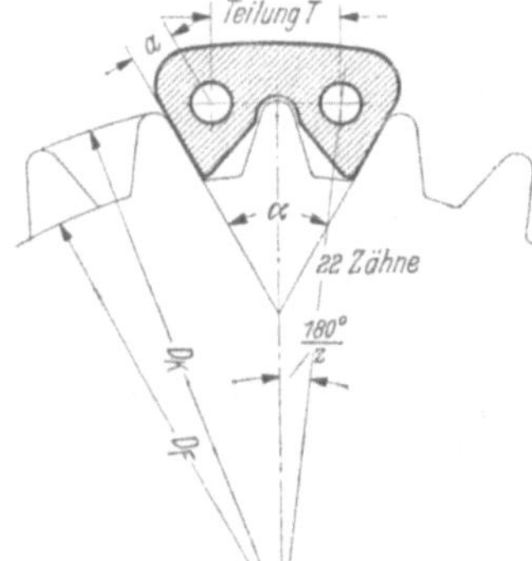

Abb. 59. Beispiel: Fräsen eines Zahnkettenrades.

Abb. 60. Hinterdrehter Kettenradformfräser.

Kühlmittel: Schneidöl.

2. *Werkstück:* Zahnkettenrad aus Stahlguß.

Arbeitsgang: Für Zahnteilung $T = 25,4$ mm $(= 1'')$ mit 20 Zähnen versehen. Der Kettenrad-Außendurchmesser wird berechnet (Abb. 59) aus $D_K = T \cdot \mathrm{cotg}\, 180°/z = 6,314 = 25,4 \cdot 160,38$ mm.

Werkzeug: Hinterdrehter Formfräser (Abb. 60), 100 mm Durchmesser, 32 mm Bohrung, Profil entspricht dem des Kettengliedes.

Maschine: Waagerecht-Fräsmaschine 3 kW.

Spannart: Werkstück auf Dorn zwischen Spitzen mit Teilapparat, Werkzeug auf Fräsdorn mit Gegenlager.

Arbeitsbedingungen: Frästiefe und breite gemäß Abb. 59.
Schnittgeschwindigkeit $v = 18$ m/min, Vorschubgeschwindigkeit $s' = 28$ mm/min.
Kühlmittel: Kühlmittelöl (Emulsion 1 : 15).

Tabelle 8. *Schnittgeschwindigkeit und Vorschubgeschwindigkeit beim Formfräsen von Verzahnungen (Richtwerte für Gegenlauf).*

Die Arbeitsgeschwindigkeit ist von der Bearbeitbarkeit des zu fräsenden Werkstoffes, vom Werkstoff des Fräsers und Zahnprofil abhängig. Die folgenden Werte gelten für mittlere Profilhöhen und Schnellstahlfräser.

Werkstoff des Werkstückes	Schruppen		Schlichten	
	Schnittgeschwindigkeit m/min	Vorschubgeschwindigkeit mm/min	Schnittgeschwindigkeit m/min	Vorschubgeschwindigkeit mm/min
Weicher Stahl	14···18	28···36	18···25	22···32
Vergüteter Stahl, 110 kg/mm² Fest.	10···13	18···22	13···16	14···20
Grauguß, Brinellhärte 180	13···16	36···45	16···20	28···40
Leichtmetalle	125···160	71···90	160···250	56···80
Messing	25···32	56···71	32···40	40···63

10. Wälzfräsen von Verzahnungen und Profilen. *Anwendungsgebiet:* Für Zahnräder aller Art wie Stirn- und Schraubenräder, Schneckenräder, Kettenräder, Kerbverzahnungen sowie für Keilwellen und ähnliche Profile bei großen Stückzahlen oder stetig wiederkehrender kleiner Reihenfertigung.

Größtmöglicher Raddurchmesser etwa 8000 mm, kleinster 1,5 mm; größter Modul etwa 40, kleinster 0,15. Im Gegensatz zum Formfräsen kann das Werkstück durch Wälzfräsen in einem oder in zwei ununterbrochenen, gleichförmigen Arbeits-

gängen (Vor- und Fertigfräsen) fertiggestellt werden, und zwar mit hoher Genauigkeit der Zahnteilung und Zahnform.

a) Beim Wälzfräsen von Stirn- und Schraubenrädern auf der von H. Pfauter 1897 entwickelten universalen Räderfräsmaschine (Wälzfräsmaschine) [23, 24] befinden sich Wälzfräser und Werkstück im Eingriff wie Schnecke und Schneckenrad eines Getriebes. Der Frässchlitten (Abb. 61) trägt den Fräskopf mit dem schräggestellten Fräser und verschiebt sich parallel zur Werkstückachse, wäh-

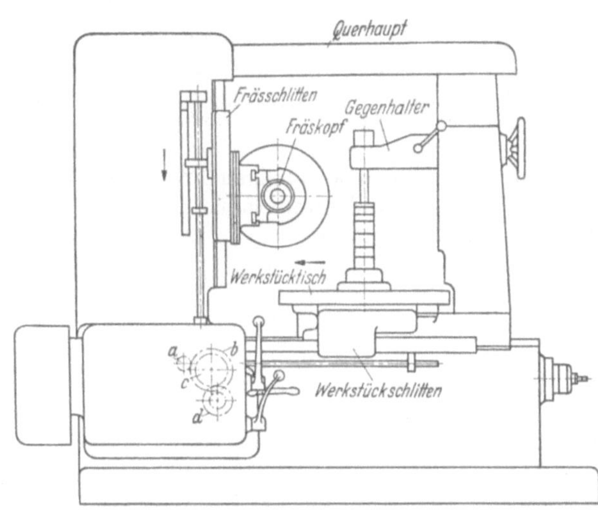

Abb. 61. Aufbau einer Wälzfräsmaschine.

rend sich das auf dem verstellbaren Tisch aufgespannte Werkstück (Zahnrad) im Verhältnis Fräsergangzahl zu Werkstückzähnezahl dreht. Der Fräservorschub wird in mm/Werkstückumdrehung (WU) angegeben. Wenn schräge Zähne zu fräsen

sind, erteilt ein Differentialgetriebe dem Werkstück eine zusätzliche Drehbewegung. Bei einer anderen Bauart [25] ist der Frässchlitten waagerecht geführt und mit dem Frässchlittenstock, der die Senkrechtbewegung übernimmt, zu einer Einheit zusammengefaßt.

Zahnräder mit Evolventenform werden mit einem Wälzfräser erzeugt, dessen Form einer Evolventenschnecke entspricht. Die Anzahl der entstehenden Hüllschnitte (Abb. 62) ist durch die Zahl der Zahnstollen und die Eingriffsdauer des Fräsers mit dem Werkstück begrenzt.

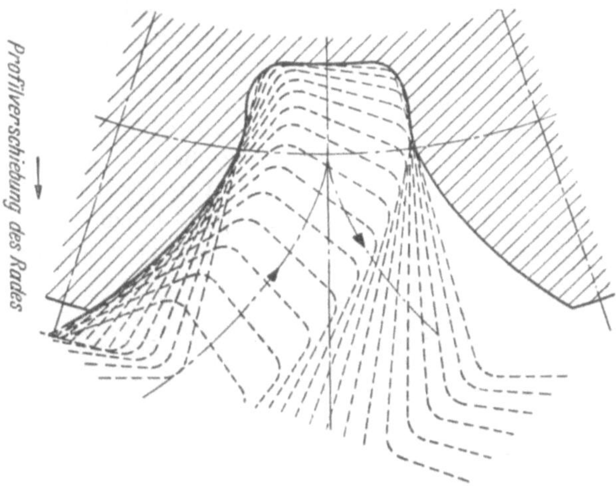

Abb. 62. Wälzbild eines Ritzels mit 10 Zähnen. Zahnform entsteht als Hüllkurve der Zahnkanten des Fräsers. Bei kleiner Zähnezahl ist Unterschneidung der Zähne durch Profilverschiebung zu vermeiden.

Letztere wird um so größer, je mehr Zähne Fräser und Zahnrad haben. Mit wachsender Zahl verringern sich also die Oberflächenrauheiten der gefrästen Zahnflanken. Für genaue Schlichtarbeiten braucht man Wälzfräser mit hinterschliffenem Profil. Zum Vorfräsen können auch hinterdrehte Wälzfräser verwendet werden, die bei großen Zahnhöhen zuweilen eine zusätzliche Spanunterteilung aufweisen.

Beim Einstellen soll man die auf dem Fräser angegebenen Werte genau beachten, nämlich die Frästiefe und den Einstellwinkel (Verschwenkwinkel), um den der Fräs-

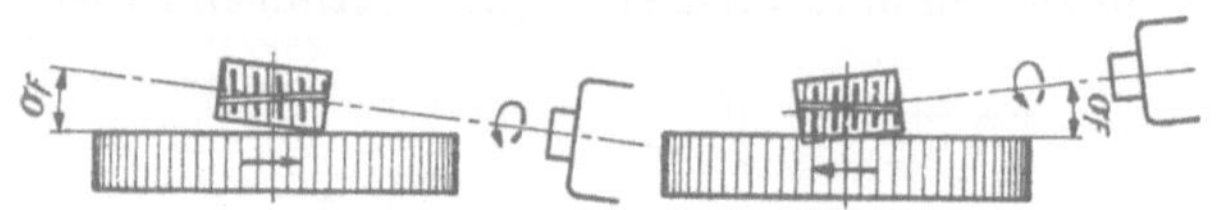

Abb. 63. Bestimmung des Einstellwinkels beim Wälzfräsen von Stirn-rädern. Rechts- und linksgängiger Fräser.

kopf schräg zu stellen ist. Die Zahnform wird bei Evolventenrädern durch Verschwenkfehler weniger beeinflußt, um so mehr aber die Zahndicke. Je nachdem, ob es sich um einen rechts- oder linksgängigen Fräser handelt, ist die Zahnlage (Abb. 63) verschieden. Bei Schraubenrädern ist zusätzlich noch der Schrägungswinkel σ_R zu berücksichtigen (Abb. 64).

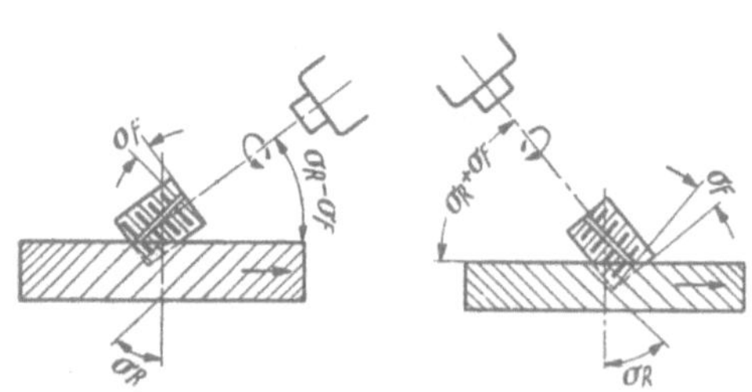

Abb. 64. Einstellwinkel bei Schraubenrädern (Fräser befindet sich hinter dem Werkstück).

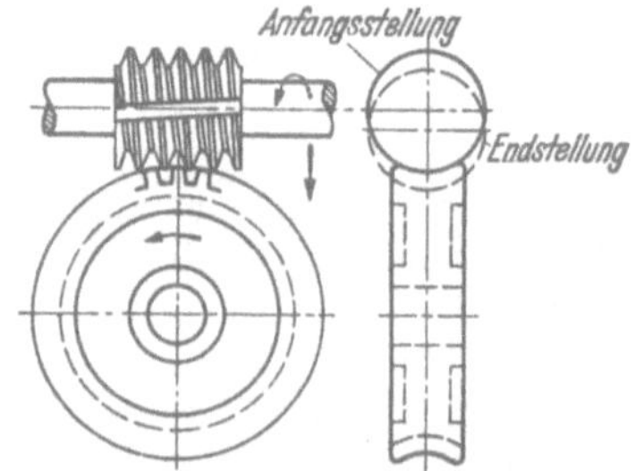

Abb. 65. Wälzfräsen von Schneckenrädern nach dem Radialverfahren. Vorschub radial.

b) Beim Fräsen von Schneckenrädern unterscheidet man zwei Fräsverfahren: das Radial- und das Axialverfahren. Beim *Radialverfahren* (Abb. 65) arbeitet der Fräser, der grundsätzlich die Form der Schnecke (mit Aufmaß) besitzt, mit dem Schneckenrad wie ein Getriebe zusammen. Die Frässpindel steht waagerecht und bewegt sich auf die Achse des Werkstückes zu vorwärts. Nach dem Radialverfahren werden in erster Linie Schnecken mit kleiner und einfacher Steigung hergestellt. Das *Axialverfahren* (auch Tangentialverfahren genannt) ist für große und mehrfache Schneckensteigungen zu bevorzugen. Dabei wird mit Vorschub in Richtung der Fräserachse gearbeitet (Abb. 66). Zu der Drehbewegung des Schneckenrades tritt noch eine Zusatzbewegung hinzu, die der axialen Fräserbewegung entspricht. Der schneckenförmige Fräser ist mit kegeligem Anschnitt versehen.

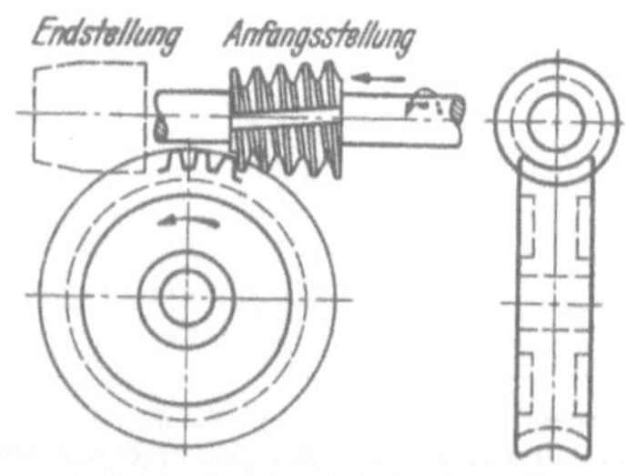

Abb. 66. Wälzfräsen von Schneckenrädern nach dem Axialverfahren. Vorschub axial, Fräser mit Anschnittkegel.

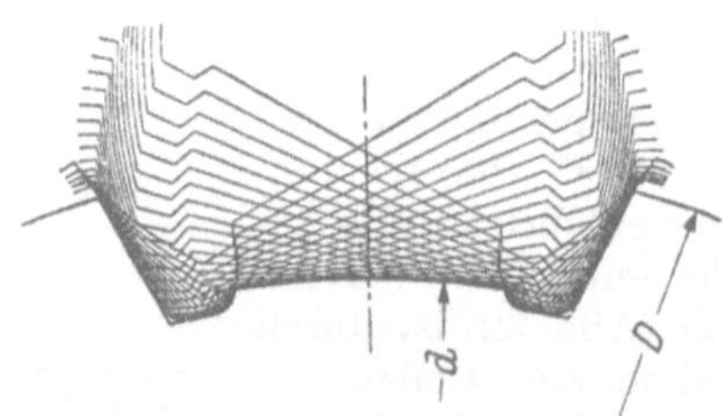

Abb. 67. Wälzfräsen von Keilwellen mit Wälzfräser mit Höcker. Abrundung liegt unter dem Innendurchmesser d der Keilwelle.

c) In ähnlicher Weise können Keilwellen und andere Profile, z. B. Sägenzähne, gefräst werden. Eine Besonderheit des Keilwellen-Wälzfräsers ist in Abb. 67 dargestellt. Man unterscheidet zwischen Keilwellen-Wälzfräsern mit Höcker und solchen ohne Höcker. Fräser ohne Höcker erzeugen am Keilfuß eine Abrundung. Das Gegenprofil muß daher entsprechend ausgespart oder abgeschrägt sein. In der Regel werden Wälzfräser mit Höcker gewählt. Die durch das Wälzverfahren bedingte Abrundung verlegt man dadurch unter den Innenkreis d. Keilwellen können auch auf Langgewindefräsmaschinen (Abschnitt 8, S. 20) hergestellt werden. In diesem Falle dreht sich das Werkstück am Ort, während der schräggestellte Fräser die Längs- (Vorschub-) Bewegung ausführt.

Die *Genauigkeit* und *Güte* der nach dem Wälzverfahren hergestellten Zahnräder und Profile hängt von verschiedenen Umständen ab. Schon bei der Vorbearbeitung des Werkstückes können Fehler entstehen, die ungenaue Zahnprofile oder geräuschvollen Lauf der Zahnräder verursachen. Die Radkörper müssen vor allem laufend zu den vorhandenen Aufnahmeflächen, die für den Zusammenbau bestimmt sind, gedreht werden. Die Stirnflächen sollen eben und senkrecht zur Achse sein. Auch der Außendurchmesser darf die vorgeschriebene Toleranz nicht überschreiten, da von hier aus die Frästiefe eingestellt wird. Für das Fräsen selbst sind ordnungsmäßige Aufspannung von Rad und Fräser und der gute Zustand der Wälzfräsmaschine von Bedeutung. Von letzterem ist besonders die Genauigkeit der Teilung abhängig. Die Formgenauigkeit der Zähne wird durch die Herstellungsgenauigkeit des Wälzfräsers [26] sowie Art und Sorgfalt der Aufspannung (guter Rundlauf, Spielfreiheit) bedingt. Genaue Zahnräder und Profile können demnach nur mit einwandfreien Maschinen und Werkzeugen sowie bei richtiger Aufspannung gefräst werden.

Die Wahl der Arbeitsgeschwindigkeit richtet sich beim Wälzfräsen ganz nach dem Zweck, den die Verzahnung zu erfüllen hat, sowie nach den Abmessungen und dem Baustoff des Zahnrades. Bei Verzahnungen, die in einem Schnitt hergestellt werden, bestimmt die verlangte Oberflächengüte die Größe des Vorschubes. Genaue Zahnräder werden vorteilhafter in zwei Schnitten gefräst. Hierbei wird die Form mit einem Vorfräser zweckmäßig so vorgearbeitet, daß der Schlichtfräser nur noch in den Flanken schneidet.

Tabelle 9. *Schnittgeschwindigkeit und Vorschub beim Wälzfräsen von Zahnrädern (Richtwerte).*

Werkstoff des Werkstückes	Schnittgeschwindigkeit m/min	Vorschub s_l (l=längs) mm je Werkstückumdrehung (WU)			
		Mod. 1···2	2,25···3	3,25···4	5 und gr.
Weicher Stahl	25···30	0,5···1,0	0,7···1,2	1,0···1,4	1,2···1,6
Stahl bis 85 kg/mm² Festigkeit	20···25	0,5···0,8	0,7···0,9	1,0···1,2	1,2···1,4
Vergüteter Stahl, 110kg/mm² Festigk.	15···20	0,3···0,7	0,5···0,8	0,7···1,0	0,9···1,2
Verschleißfester Stahl, z. B. Si-Mn-Stahl	8···12	0,4···0,8	0,6···0,9	0,9···1,2	1,1···1,4
Grauguß, Brinellhärte 180	16···25	0,7···1,2	1,0···1,4	1,2···1,6	1,4···1,8
Bronze	25···40	0,6···1,0	0,8···1,2	1,1···1,4	1,4···1,6
Preßstoff, z. B. Novotext	20···35	0,6···0,9	0,8···1,0	1,0···1,3	1,4···1,5

Die Richtwerte der Tabelle 9 gelten für Werkstücke, die fest aufgespannt werden können und für Fräsen mit Schnellstahlfräsern in zwei Schnitten. Bei dünnwandigen Werkstücken sind die Vorschubwerte herabzusetzen.

Für andere Profile, beispielsweise Keilwellen, kann der Vorschub entsprechend der Profilgröße gewählt werden. Als Vergleich dienen die Zahnprofile für Modul 1 bis Modul 24 (Abb. 55, S. 23). Beim Vorfräsen kann der Vorschub auf weichem Stahl bis 4 mm, auf Gußeisen bis 6 mm/WU gesteigert werden. Für Räder mit großer Zahnschräge sind sämtliche Werte — je nach Schrägungswinkel — herabzusetzen.

Arbeitsbeispiele:

1. Werkstück: Stirnrad aus legiertem Einsatzstahl EC 80 (16 MnCr 5) mit 85 kg/mm² Zugfestigkeit.
Arbeitsgang: Mit 24 Zähnen Modul 4 versehen.
Werkzeug: Wälzfräser aus Hochleistungsschnellstahl, eingängig, DIN 858, Modul 4, Eingriffs-
   winkel 20°, mit hinterschliffenem Profil, 80 mm Durchmesser, 80 mm breit, 27 mm
   Bohrung.
Maschine: Wälzfräsmaschine 4 kW.
Spannart: Werkstück senkrecht auf Dorn, Fräser auf Fräsdorn.
Arbeitsbedingungen: Frästiefe $a=2{,}25$ Modul$=9{,}0$ mm, Fräsbreite entsprechend Modul 4
   (Abb. 55), Schnittgeschwindigkeit $v=22$ m/min, Vorschub $s_l=1{,}2$ mm/WU.
Kühlmittel: Schneidöl.
2. Werkstück: Keilwelle $32\times36\times6$ mm, DIN 5462, aus legiertem Vergütungsstahl (110 kg/mm²
   Zugfestigkeit).
Arbeitsgang: Mit zwei Schnitten fertigfräsen.
Werkzeug: Keilwellenwälzfräser aus Hochleistungsschnellstahl mit geschliffenem Profil,
   60 mm Durchmesser, 55 mm breit, 27 mm Bohrung.
Maschine: Waagerecht-Abwälzfräsmaschine oder Langgewindefräsmaschine 3 kW.
Spannart: Werkstück waagerecht zwischen Spitzen, Fräser auf Fräsdorn.
Arbeitsbedingungen: Tiefe a und Breite b entsprechend Keilwellenprofil, Schnittgeschwindigkeit
   $v=14$ m/min, Vorschub $s_l=0{,}9$ mm/WU.
Kühlmittel: Schneidöl.

Auch das Wälzfräsen steht im Zeichen unermüdlicher Weiterentwicklung und Leistungssteigerung [27]. So gestattet eine *Gleichlauffräseinrichtung* [28] die Anwendung zwei- bis vierfach höherer Schnittgeschwindigkeiten und Vorschübe. Um die Lebensdauer der Wälzfräser zu erhöhen, werden ferner die Wälzfräsmaschinen mit einer selbsttätigen Fräser-*Verschiebevorrichtung* ausgerüstet [25]. Durch diese wird der den Fräser tragende Schlitten in seiner Achsrichtung um eine Zahnteilung verstellt und wieder verriegelt, wenn eine bestimmte Werkstückzahl fertiggestellt ist. Man erreicht auf diese Weise gleichmäßige Schneidenabnutzung, durch die auch das Nachschleifen des Fräsers erleichtert wird. Nachhaltige Kühlung und Schmierung mit Zweidüsenzufuhr bringt eine weitere Erhöhung der Standzeit. Eine Möglichkeit zur Herabsetzung der Schnittzeit bietet das *Tauch-Längsfräsverfahren* (Abb. 68), durch das die Anschnittdauer, vor allem bei schmalen Werkstücken mit Zahnschräge, wesentlich verkürzt wird.

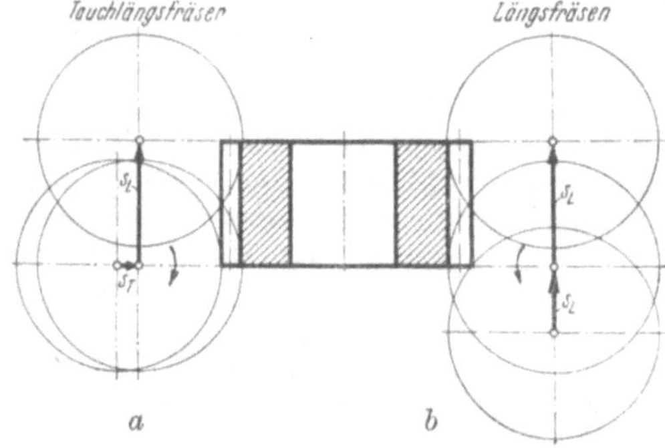

Abb. 68a u. b. Durch Tauchlängsfräsen wird die Fräszeit gegenüber dem üblichen Längsfräsen verkürzt. *a* Tauchlängsfräsen, *b* Längsfräsen, s_l Längsvorschub, s_r Radialvorschub.

II. Arbeitsbedingungen und Leistungsbedarf beim Fräsen.

A. Standzeit.

Mit Standzeit eines Fräsers wird seine Leistung zwischen zwei Anschliffen bezeichnet. Sie ist für die Wirtschaftlichkeit der einzelnen Fräsarbeit ausschlaggebend. Als Maßstab (Standzeitkriterium) können die Anzahl der gefrästen Werkstücke, die erreichbare Fräslänge oder die mit einem Anschliff mögliche Fräsdauer (Hauptzeit) gelten.

11. Abstumpfungsgrenze. Die Grenze der zulässigen Abstumpfung wird angezeigt: beim *Schruppfräsen* durch die *Verschleißmarkenbreite* V_B auf der Freifläche der Hauptschneide (Breite der Abstumpfungsfase am Zahnrücken), durch die *Auskolkung* auf der Spanfläche (Tiefe der Aushöhlung an der Zahnbrust), durch das *Ansteigen der Schnittkräfte und -leistung* bis an die Grenze der zulässigen Maschinen- und Motorenbeanspruchung, durch *erhöhte Schnittemperatur*, die an der Werkstückerwärmung und Farbe der Späne zu erkennen ist, und durch *Schwingungen*, die sich durch Geräusche und Erschütterungen (Rattern) bemerkbar machen;

beim *Schlichtfräsen* durch die Oberflächengüte und Maßhaltigkeit (Toleranz) des gefrästen Werkstückes.

Die für den Nachschliff maßgeblichen Abstumpfungshöchstwerte (für Grauguß etwa $V_B = 0,3$ bis $0,5$, für Stahl $0,8$ bis $1,0$ mm) sollten auch beim Schruppen nicht überschritten werden, da der Schneidenverlust sonst zu groß wird. Im übrigen sind die Kosten für Scharfschleifen, Fräserwechsel und Werkzeugverbrauch so aufeinander abzustimmen, daß ein günstiger Kleinstwert erreicht wird [*29*].

12. Standzeitrichtwerte. Allgemeingültige Standzeitrichtwerte sind für Fräsen schwer aufzustellen, da anders als bei anderen Arbeitsverfahren, z. B. Drehen [*30*], grundsätzliche Unterschiede zwischen den einzelnen Fräsverfahren vorhanden sind. Von den wenigen bisher veröffentlichten, vergleichbaren Betriebs- und Versuchsergebnissen [*31*] sind in Tabelle 10 und Abb. 69 u. 70 einige Werte zusammengestellt. Für den praktischen Gebrauch kann die Standzeit durch eigene Arbeitsproben unter Verwendung der angegebenen Richtwerte (S. 8) ermittelt werden. Hierbei wird der von LEYENSETTER aufgestellte Standzeit-Beobachtungsbogen [*32*] gute Dienste leisten. Weitere Hinweise sind bei einzelnen Arbeitsbeispielen zu finden.

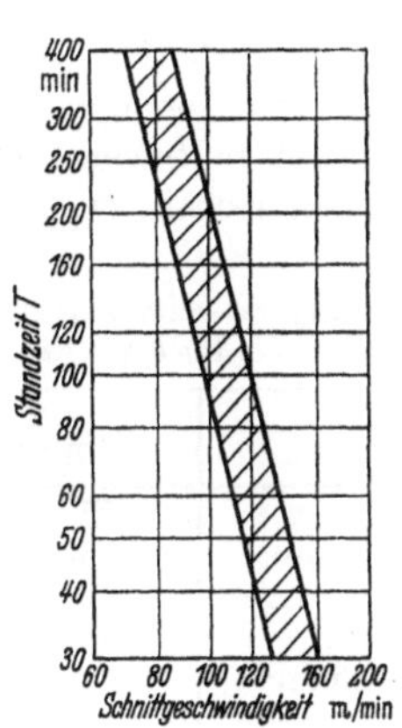

Abb. 69. Standzeitbereich für das Stirnfräsen von St 60.11 mit Vorschub je Zahn $s_z = 0,25$ mm [*33*].

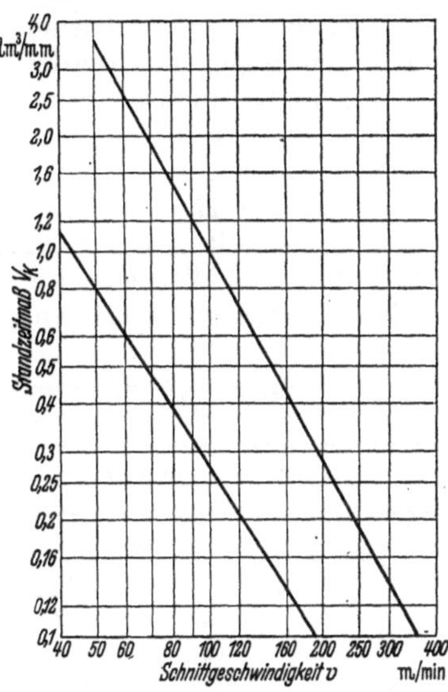

Abb. 70. Standzeitwerte für Grauguß; Standmenge je Einheit der Schneidkantenlänge beim Fräsen von Graugußgehäusen mit HM-Messerköpfen [*32*].

Tabelle 10. *Die Spanleistung ist abhängig von der Schnittgeschwindigkeit.*

Schnittgeschwindigkeit v	m/min	71	80	90	100	125	140	160
Spanleistung beim Stirnfräsen von Grauguß .... %		100	80	71	56	36	30	25

B. Wahl der Arbeitsgeschwindigkeit.

Die richtige Wahl der Arbeitsgeschwindigkeit ist beim Fräsen nicht einfach, denn es müssen viele Veränderliche berücksichtigt werden, und zwar beim *Werkstück:* Werkstoff (Bearbeitbarkeit), Form, Starrheit, Spannmöglichkeit;

beim *Arbeitsgang:* Art des Schnittes (Schnittiefe, Fräsbreite, verlangte Genauigkeit und Oberflächengüte), Bedienung einer oder mehrerer Maschinen;
beim *Werkzeug:* Form und Abmessung, Werkstoff der Schneiden (Schnellstahl, Hochleistungsschnellstahl, Hartmetall);
bei der *Maschine:* Bauart, Starrheit, Größe, Antriebsleistung;
hinsichtlich der *Spannart:* Art des Spannmittels, Spanabfuhr, Abstützung und richtige Aufnahme der Fräskräfte;
hinsichtlich des *Kühlmittels:* Zusammensetzung, Menge, Art der Zuführung.

Die Fräszeit (Hauptzeit) wird zwar in erster Linie durch die Vorschubgeschwindigkeit bestimmt. Jedoch lassen sich saubere, genaue Fräsflächen und ausreichende Standzeit der Fräserschneiden nur erreichen, wenn die Schnittgeschwindigkeit, die vom Werk- und Schneidstoff abhängt, zu dem gewählten Vorschub paßt. Da die Verhältnisse bei jeder einzelnen Fräsarbeit anders liegen, können allgemeingültige Werte nicht angegeben werden. Es ist jedoch möglich, an Hand von Richtwerten [*33*], die für bestimmte Verhältnisse zutreffen, den richtigen Drehzahlbereich und eine günstige Vorschubgeschwindigkeit für die gerade vorliegende Fräsarbeit auszusuchen. Im einzelnen ist folgendes zu beachten:

13. Schnittgeschwindigkeit. a) Kleine Schnittgeschwindigkeit ergibt hohe Standzeit, jedoch große Schnittkräfte und geringe Oberflächengüte, sofern auf kurze Schnittzeit Wert gelegt wird. Diese Arbeitsweise ist daher nur beim *Schruppen* mit HS-Fräsern auf kräftigen Maschinen richtig (vgl. Tabelle 11).

Tabelle 11. *Richtwerte für die Schnittgeschwindigkeit beim Gegenlauffräsen mit Schnellstahl (HS)- und Hartmetall (HM)-Fräsern.*

Werkstoff	Schnittgeschwindigkeit					
	HS-Fräser			HM-Fräser		
	$\bar{V}$	$\overline{VV}$	$\overline{VVV}$	$\bar{V}$	$\overline{VV}$	$\overline{VVV}$
Weicher unlegierter Stahl, Festigkeit bis 60 kg/mm²	16	25	32	120	150	200
Unlegierter Stahl, Festigkeit bis 85 kg/mm²	13	20	25	50	63	100
Vergüteter Stahl, Festigkeit bis 110 kg/mm²	10	16	20	40	50	63
Verschleißfester Stahl, Festigkeit bis 130 kg/mm²	8	10	13	20	25	32
Grauguß, Brinellhärte 180 kg/mm²	13	20	25	63	80	120
Grauguß, Brinellhärte über 180 kg/mm²	10	16	20	50	63	80
Kupfer	32	50	63	100	180	250
Messing, Gußbronze	32	40	50	80	120	200
Sondermessing und Sonderbronze (z. B. Aluminiumbronze)	13	16	20	50	63	80
Leichtmetalle	200	315	400	300	500	630
Preßstoffe	20	32	50	100	150	250

Die kleinen Zahlen gelten für Schruppfräsen ($\bar{V}$), die mittleren für Schlichtfräsen ($\overline{VV}$), die großen für Fein- und Feinstfräsen ($\overline{VVV}$). Bei Fräsern mit empfindlichen Schneiden, beispielsweise Gewindefräsern, werden ohne Rücksicht auf die Standzeit oft die oberen Werte bevorzugt. Sonst ist es zu empfehlen, Fräser, die einer starken Reibungsbeanspruchung ausgesetzt sind, beispielsweise hinterdrehte Formfräser, nicht zu schnell laufen zu lassen. Für diese gelten daher immer die unteren Grenzen.

Beim Gleichlauffräsen kann die Schnittgeschwindigkeit erheblich gesteigert werden.

b) Mit großer Schnittgeschwindigkeit erhält man gute Oberflächen auch bei schnellem Arbeitstempo, allerdings meist auf Kosten der Schnitthaltigkeit der Fräswerkzeuge. Diese sind dann häufiger zu schärfen, ein Nachteil, den man beim *Schlichten* und *Feinschlichten* unter Umständen in Kauf nehmen kann.

Es ist noch strittig, ob in allen Fällen durch Wahl einer „überkritischen" Schnittgeschwindigkeit [*34*] höhere Standzeiten erreicht werden können. Jedenfalls wurde nachgewiesen, daß es möglich ist, auch bei sehr hohen Schnittgeschwindigkeiten die Zerspanungswärme mit ausreichend dicken Spänen abzuführen, ohne daß sich die Schneiden mehr als zulässig erwärmen.

Geeignete Richtwerte für die Schnittgeschwindigkeit sind in Tabelle 11 angegeben.

Aus Tabelle 12 können die zu wählenden Drehzahlen entnommen werden.

Tabelle 12. *Fräserdrehzahl abhängig von Schnittgeschwindigkeit und Fräserdurchmesser.*

Rechnungsbeispiel: für Fräserdurchmesser $D=50$ mm u. Schnittgeschwindigkeit $v=22$ m/min ergibt sich eine Drehzahl $n=140$ U/min.

v m/min	Drehzahl n U/min										
112	1800	1400	1120	900	710	560	450	355	280	224	180
90	1400	1120	900	710	560	450	355	280	224	180	140
71	1120	900	710	560	450	355	280	224	180	140	112
56	900	710	560	450	355	280	224	180	140	112	90
45	710	560	450	355	280	224	180	140	112	90	71
36	560	450	355	280	224	180	140	112	90	71	56
28	450	355	280	224	180	140	112	90	71	56	45
[22] →	355	280	224	180	→ [140]	112	90	71	56	45	36
18	280	224	180	140	112 ↑	90	71	56	45	36	28
14	224	180	140	112	90	71	56	45	36	28	22
11	180	140	112	90	71	56	45	36	28	22	18
9	140	112	90	71	56 ↑	45	36	28	22	18	14
Schnittgeschwindigkeit	20	25	32	40	[50]	63	80	100	125	160	200
	Fräserdurchmesser D mm										

14. Vorschub. Die Grenze der Vorschubgeschwindigkeit wird beim Schlicht-, Fein- und Feinstfräsen durch die Oberflächengüte bestimmt, beim Schruppfräsen durch die zulässigen Schnittkräfte und die Grenze der Maschinenleistung. In Einzelfällen geben auch die Art der Aufspannung, die Empfindlichkeit der Werkzeugschneiden oder die Schneidentemperatur [35, 36] den Ausschlag. Letztere beeinflußt entscheidend die Standzeit der Fräserschneiden und soll bei HS-Schneiden unter 500° C bleiben, während HM-Schneiden mindestens 800° C vertragen. Sie ist u. a. auch abhängig von der Länge des Eingriffsbogens und der Schärfe der Schneiden.

a) Für die Festlegung der Oberflächengüte hat zuerst SCHMALTZ Vorschläge gemacht [37]. Inzwischen sind eine Reihe brauchbarer Prüfverfahren und Meßgeräte entwickelt worden [38, 39]. Gleichzeitig wurden die Grundlagen der Oberflächenprüfung in den Normblatt-Entwürfen DIN 4760 bis 4763 festgelegt.

Tabelle 13. *Rauhtiefe R beim Fräsen und Schleifen (nach DIN 4763).*

Arbeitsgang	R in μ (=1/1000 mm)
Schruppfräsen	über 40···100
Schlichtfräsen ⎱ .... Grobschleifen ⎰	über 10···40
Feinfräsen ⎱ .... Schleifen ⎰	über 4···10
Feinstfräsen	über 1,6···4
Feinschleifen	über 1···4
Feinstschleifen	über 0,1···1

DIN 4760 Oberflächenfeingestalt — Allgemeine Begriffe.
DIN 4761 Begriff und bildliche Kennzeichnung der Rauheit.
DIN 4762 Bezugssystem und Maße für die Feingestalt der Oberfläche.
DIN 4763 Stufung der Oberflächenmaße (Rauhtiefe und Flächen-Traganteil).

Die beiden maßgebenden Größen sind die *Rauhtiefe R* (Tabelle 13) und der *Flächentraganteil* t_a (10 bis 95%) [*40, 41, 42*].

Beim Fräsen mit walzen- und scheibenförmigen Fräsern entstehen nicht nur die bekannten Fräswellen in der Vorschubrichtung (längs), sondern auch im Schnitt quer zur Vorschubrichtung sieht man feine Rillen. Diese sind durch Schleifriefen und andere Formfehler der Fräserschneiden sowie durch die Wirkung der Aufbauschneiden bedingt. Wie aus Abb. 71 zu erkennen ist, sind die Unebenheiten in der Längsrichtung nur bei größeren Vorschüben, also überwiegend beim Schruppen, ausschlaggebend. Bei kleineren Vorschüben dagegen bestimmt die Unebenheit im Querschnitt die Oberflächengüte. Es hat also keinen Zweck, den Vorschub zur Erreichung einer besonders hohen Oberflächengüte herabzusetzen, wenn man nicht gleichzeitig dafür sorgt, daß die Fräserschneiden sauber geschliffen werden

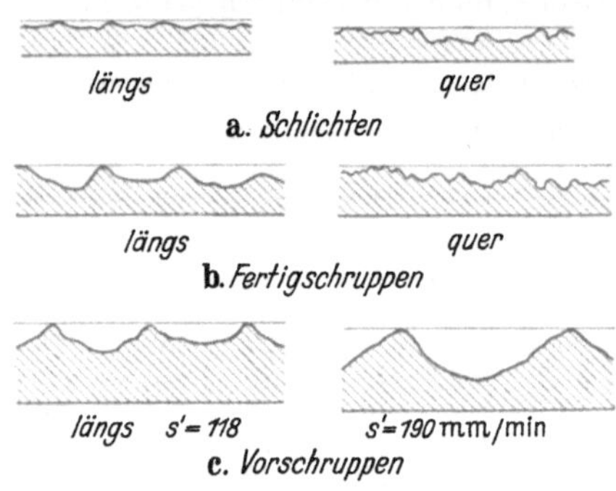

Abb. 71 a—c. Oberflächenprofil beim Walzenfräsen (im Gegenlauf). Vergr. → 10 : 1, ↑ 300 : 1.

und möglichst schlagfrei laufen. Auch das Fräsverfahren (Gegenlauf- oder Gleichlauffräsen) spielt eine Rolle. Im allgemeinen sind die im Gleichlauffräsverfahren erzeugten Fräsflächen rauher als die Gegenlaufflächen. Die Gleichlaufwerte entsprechen etwa den beim Stirnfräsen erreichbaren. Die Erklärung hierfür ist in der Art der Spanabnahme zu suchen. Beim *Gegenlauffräsen* faßt der einzelne Fräserzahn den Span meist oberhalb der entstehenden Fräsfläche, denn er gleitet beim Ansetzen eine bestimmte Strecke ohne wesentliche Spanbildung. Der Spanablauf hat daher auf die Oberflächengüte keinen unmittelbaren Einfluß. Außerdem verstärkt sich die Aufbauschneide mit zunehmendem Spanquerschnitt und wird daher in der Regel mit den Spänen abgeführt. Bei zähen Werkstoffen, beispielsweise Leichtmetallen, muß allerdings durch geeignete Maßnahmen (z. B. reichliche Kühlmittelzufuhr) dafür gesorgt werden, daß die an den Schneidkanten anhaftenden

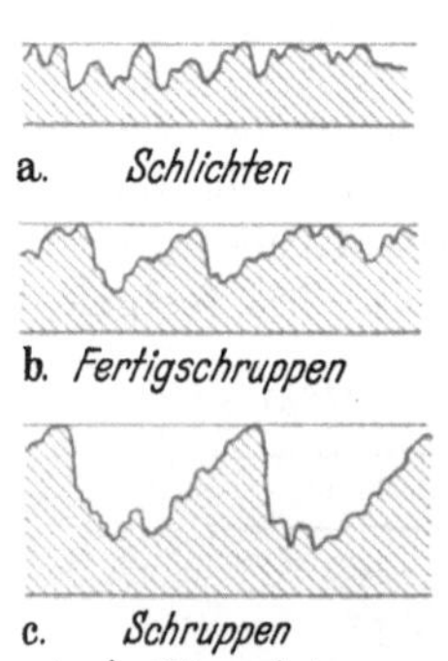

Abb. 72 a—c. Oberflächenprofil beim Stirnfräsen. Vergr. → 10 : 1, ↑ 300 : 1.

Späneteile entfernt werden, bevor der einzelne Zahn erneut in Eingriff kommt. Beim *Gleichlauffräsen* dagegen entsteht die Fräsfläche am Ende des Spanablaufs. Infolgedessen bleiben die Aufbauschneiden an den Fräserzähnen leichter haften, und jede Hemmung des Spanablaufes wirkt sich ungünstig aus. Ferner reißen die Späne — entsprechend den Riefen und Unebenheiten der Fräserschneiden — an verschiedenen Stellen des Auslaufs ab und Teile der Aufbauschneiden werden auf die Fräsfläche aufgequetscht. Trotzdem kann die rauhere Gleichlauffräsfläche in bestimmten Fällen günstiger sein, vor allem, wenn ein weiterer Arbeitsgang wie Schleifen oder Schaben folgt.

Beim *Stirnfräsen* liegen die Verhältnisse grundsätzlich anders. Da der Vorschub in der Ebene des Fräserumlaufs liegt, sind Fräswellen nicht zu beobachten. Die auftretenden Unebenheiten sind durch Stirnschlag, Ungenauigkeiten der Fräserzähne und Aufbauschneiden bedingt. Bei großen Vorschüben wirkt sich außerdem das seitliche Zurückfedern des Fräsers stärker aus. Profile von Flächen, die mit Stirnfräsern hergestellt sind, zeigt Abb. 72.

Es ist also nicht einfach, die Oberflächengüte einer Fräsfläche eindeutig festzulegen. Für die Werkstatt dürfte es vorläufig noch am einfachsten sein, die Fräsflächen mit Musterflächen oder Oberflächennormalen (F-Normalen) [43] zu vergleichen. Diese können nach den obenerwähnten Richtlinien geprüft und ausgemessen werden.

b) Um zu verhindern, daß die Belastung des einzelnen Fräserzahnes unzulässig groß und das Werkzeug infolgedessen beschädigt wird, wendet man Richtwerte für den Vorschub je Fräserzahn s_z (mm) an (Tabelle 14). Diese Werte lassen sich am leichtesten mit den Vorschüben bei anderen Arbeitsgängen, beispielsweise beim Drehen, vergleichen. Hierbei ist jedoch zu berücksichtigen, daß es nicht ohne weiteres zulässig und möglich ist, *den Vorschub* durch beliebige Steigerung der Zähnezahl (Tabelle 15) zu erhöhen. Denn einerseits treten dann leicht Spanstauungen auf, andererseits können bei unrund laufenden Fräsern trotz des richtigen Vorschubes je Zahn einzelne Zähne überlastet werden und brechen. Es erscheint daher zweckmäßig, auch Grenzwerte für den Vorschub je Umdrehung anzugeben (Abb. 73).

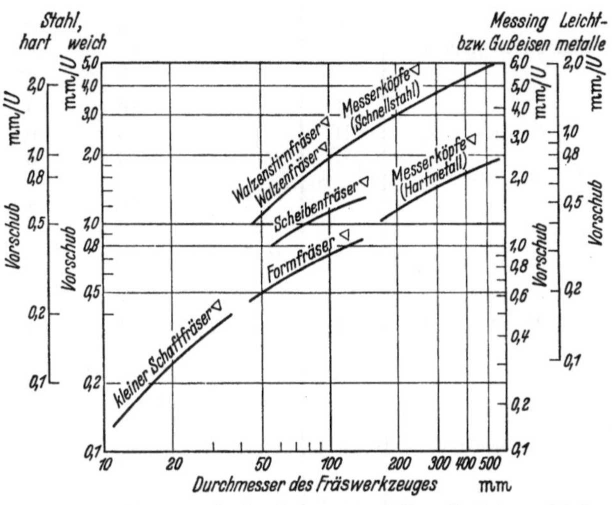

Abb. 73. Erfahrungswerte für Schruppvorschübe, die bei verschiedenen Fräserarten angewendet werden können, links für Stahl (hart und weich), rechts für Messing, Grauguß und Leichtmetalle.

Bei Einhaltung dieser Richtwerte wird gleichzeitig die zulässige Grenze der Fräsdorndurchbiegung und -verdrehung berücksichtigt, soweit genormte Fräserbohrungen verwendet werden. Bei schwächeren Bohrungen sollen die Vorschübe stark herabgesetzt werden, da die Dorndurchbiegung nicht entsprechend der Durchmesserabnahme, sondern erheblich schneller zunimmt. Verstärkte Fräsdorne lassen andererseits einen entsprechend größeren Vorschub zu.

Tabelle 14. *Vorschübe s_z in mm je Zahn (Richtwerte).*

Werkstoff	Walzen- u. Stirnfräser	Messerköpfe Schnellstahl	Messerköpfe Hartmetall	Scheibenfräser	Formfräser
Weicher unlegierter Stahl, Zugfestigkeit bis 60 kg/mm²	0,20	0,32	0,1···0,5	0,06	0,04
Unlegierter Stahl, bis 85 kg/mm² ..... Stahlguß, Temperguß	0,16	0,20	0,08···0,4	0,06	0,03
Vergüteter Stahl, bis 110 kg/mm²	0,10	0,10	0,05···0,2	0,05	0,02
Verschleißfester Stahl, bis 130 kg/mm² .	0,08	0,08	0,04···0,1	0,04	0,01
Grauguß, Brinellhärte bis 180 kg/mm² .	0,25	0,40	0,10···0,5	0,08	0,05
Grauguß, Brinellhärte über 180 kg/mm²	0,16	0,25	0,08···0,4	0,06	0,04
Kupfer	0,25	0,32	0,1···0,5	0,10	0,05
Hartmessing, spröde Bronze	0,20	0,32	0,13···0,5	0,08	0,04
Sondermessing und zähe Bronze	0,16	0,20	0,07···0,3	0,06	0,03
Leichtmetalle	0,13	0,25	0,10···0,6	0,08	0,04

Die Richtwerte gelten für übliche Schnittiefen und sichere Aufspannung von Fräser und Werkstück. Bei nachgiebiger Aufspannung und dünnen Fräsdornen sind die Werte entsprechend herabzusetzen, desgleichen beim Gleichlauffräsen.

Tabelle 15. *Zähnezahlen von Fräsern und Messerköpfen (Richtwerte).*
(GG = Grauguß, St = Stahl, LM = Leichtmetall.)

Fräserart	Typ[1])	$D=$ 40	63	80	100	160	200 mm
				Zähnezahl für Fräserdurchmesser D			
1. Walzenfräser	N	6	8	8	10	14	—
	H	10	12	14	16	20	—
	W	4	6	6	8	10	—
2. Walzenstirnfräser	N	8	10	12	14	18	—
	H	16	18	20	24	28	—
	W	4	6	8	10	12	—
3. Scheibenfräser	N	—	10	12	14	18	22
	H	—	16	20	24	28	32
	W	—	6	8	10	12	14
4. Hinterdrehte Formfräser		—	16	18	20	24	28
	für	$D=$ 3	10	16	25	40	63 mm
5. Schaftfräser	N	4	4	4	6	6	6
	H	6	8	10	10	12	14
	W	3	3	3	4	5	—
	für	$D=$ 125	200	315	500	800 mm	
6. HS-Messerköpfe	GG⎫ St⎭	12	16	24	36	—	
	LM	6	8	12	16	—	
7. HM-Messerköpfe	GG	8	12	20	24	30	
	St	6	8/10	12	16	20	
	LM	3	4	6	10	12	

[1]) Nach DIN 1836 (Anwendungsgebiete der Werkzeugtypen) bedeuten:
    N = für *normale* Maschinenbaustähle, weichen Grauguß, mittelharte Nichteisenmetalle,
    H = für besonders *harte* und zähharte Werkstoffe,
    W = für besonders *weiche* und zähe Werkstoffe.

C. Schnittkräfte beim Fräsen.

Während des Spanablaufs treten an den einzelnen Fräserzähnen Schnittkräfte [*44, 45*] auf, die hinsichtlich Größe und Richtung verschieden sind, da sich die Spandicke fortwährend ändert. Dasselbe trifft auf die Gesamtschnittkräfte mehrerer in Eingriff befindlicher Zähne zu. Fräser arbeiten also in der Regel ungleichförmig. Beim Walzenfräsen ist es manchmal möglich, Zahnteilung und Drallwinkel auf die Fräsbreite so abzustimmen, daß sich die Kräfteschwankungen der einzelnen Zähne aufheben. Diese sog. „Gleichförmigkeitsbreite" b_{gl} (Abb. 74) wird für das *Walzenfräsen* berechnet aus der Axialteilung t_a oder der Umfangsteilung t_u und dem Drallwinkel λ des Fräsers

$$b_{gl} = i \cdot t_a = i \cdot t_u \cdot \operatorname{cotg} \lambda .$$

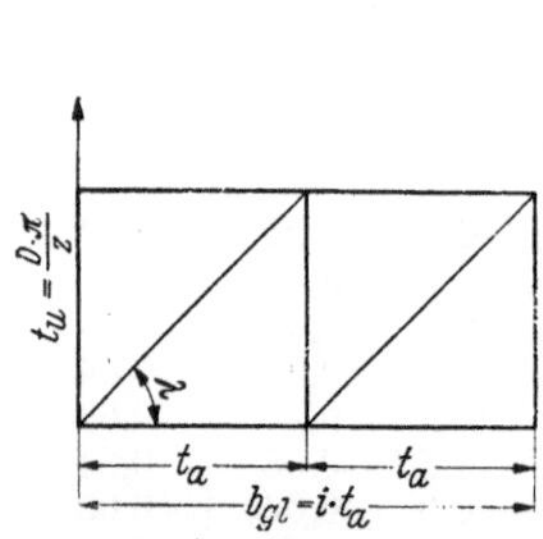

Abb. 74. Bestimmung der Gleichförmigkeitsbreite b_{gl} beim Walzenfräsen. i = Anzahl der gleichzeitig schneidenden Fräserzähne.

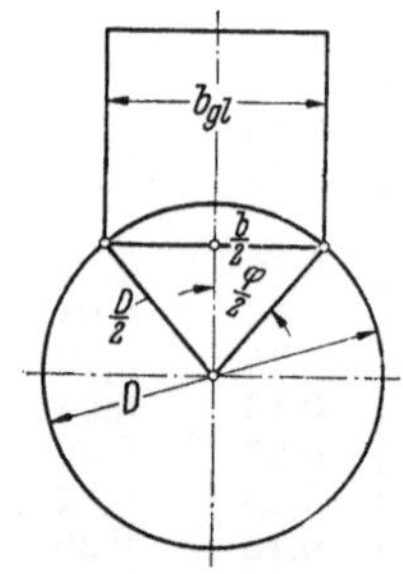

Abb. 75. Gleichförmigkeitsbreite beim Stirnfräsen.
$\sin \varphi/2 = b_{gl}/D$; $\varphi = 360°/z$;
$b_{gl} = D \sin 180°/z$.

Die Schnittkräfte sind gleichförmig, wenn man in dieser Gleichung $b_{gl} = $ Werkstückbreite b setzt und dann $i = 1$ oder einer größeren ganzen Zahl ist.

In ähnlicher Weise erhält man auch beim *Stirnfräsen* einen gleichförmigen Schnittverlauf, wenn die Zahnteilung der Fräsbreite b angepaßt werden kann. Gleichförmigkeit wird erreicht, wenn $b_{gl} = D \cdot \sin \dfrac{180}{z}$ (Abb. 75).

Infolge des Fräsdorn- und Fräserschlages sind trotzdem Schnittkraftschwankungen nicht ganz zu vermeiden (Abb. 76).

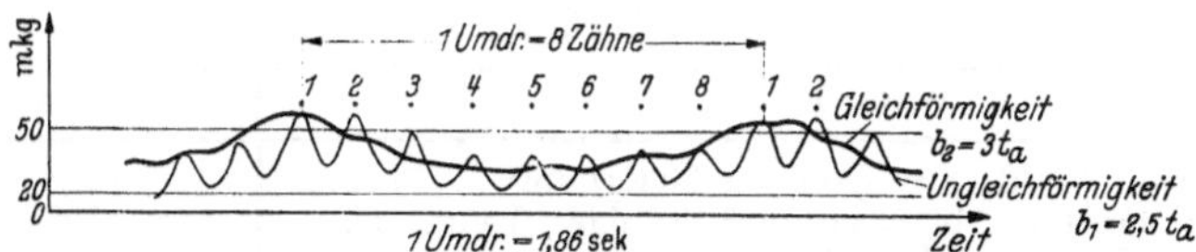

Abb. 76. Schnittkraftschwankungen. Bei ungleichförmigem Fräsen ($b_1 = 87{,}5$ mm) jeder einzelne Zahn als Kraftschwankung sichtbar, bei gleichförmigem Fräsen ($b_2 = 105$ mm) Schwankungen nur durch Fräserschlag.

Die unterschiedliche Wirkung der Schnittkräfte beim Walzenfräsen im Gegenlauf und Gleichlauf zeigen die Kräftebilder Abb. 77 bis 80.

15. Beim *Gegenlauffräsen* drückt die Gesamtkraft G (Abb. 77) das Werkstück und damit den Frästisch zurück. Die Waagerechtteilkraft W ist gegen die Vorschubbewegung gerichtet, während die Senkrechtteilkraft S — je nach Schnittiefe, Durchmesser und Vorschub — nach unten oder oben wirkt. Liegt die Vorschubgeschwindigkeit gerade so, daß die Senkrechtteilkraft S ihre Richtung während des Fräsvorganges periodisch umkehrt, treten Schwingungen auf. Der Fräser „rattert". Hierdurch werden die Fräserschneiden schnell zerstört oder die Fräsflächen unbrauchbar. Die Rückwirkung der Gesamtkraft G' (Abb. 78) sucht den Fräserzahn vom Werkstück abzudrücken, wobei gleichzeitig der Fräsdorn zurückfedert. Die Spandicke wird dadurch kleiner. Die Gesamtkraft G' setzt sich zusammen aus der Umfangskraft P, die durch den Antrieb der Frässpindel aufzubringen ist und aus der Mittenkraft M.

16. Beim *Gleichlauffräsen* liegen die Verhältnisse anders. Die Waagerechtteilkraft W (Abb. 79) zieht Werkstück und Frästisch in Richtung des Vorschubes. Das würde gegenüber dem Gegenlauffräsen eine Verringerung der Leistung, die für den Antrieb des Frästisches erforderlich ist, zur Folge haben. Andererseits muß aber auf jeden Fall ein Spielausgleich für die Frästischspindel vorgesehen werden,

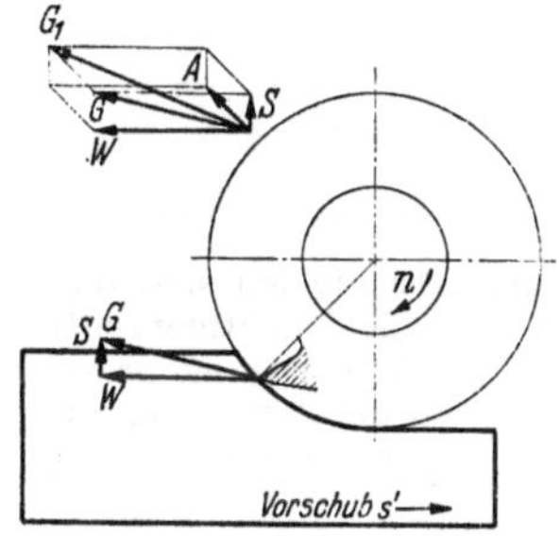

Abb. 77. Schnittkräfte beim Gegenlauffräsen in ihrer Wirkung auf das Werkstück.

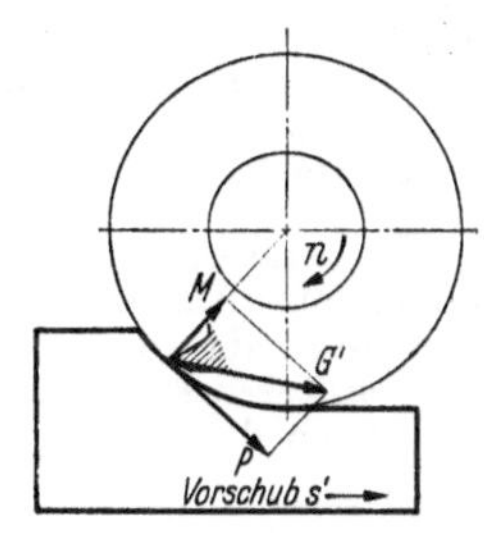

Abb. 78. Schnittkräfte beim Gegenlauffräsen in ihrer Wirkung auf den Fräser.

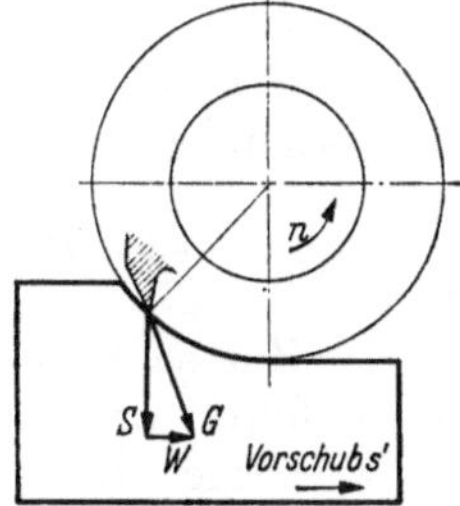

Abb. 79. Schnittkräfte beim Gleichlauffräsen in ihrer Wirkung auf das Werkstück.

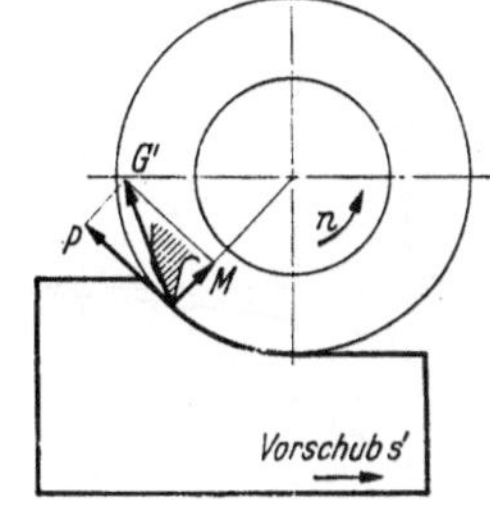

Abb. 80. Schnittkräfte beim Gleichlauffräsen in ihrer Wirkung auf den Fräser.

W Waagerecht-Teilkraft, S Senkrecht-Teilkraft, G Gesamtkraft (gerader Zahn), G_1 Gesamtkraft (schräger Zahn), A Axial-Teilkraft, P Umfangskraft, M Mittenkraft.

den, sonst „klettert" der Fräser auf das Werkstück. Die Leistungsersparnis für den Vorschubantrieb ist daher gering. Ein wesentlicher Vorteil des Gleichlauffräsens liegt darin begründet, daß die Senkrechtteilkraft S bei jeder Vorschubgeschwindigkeit nach unten gerichtet ist. Das Werkstück liegt also immer fest auf seinen Auflageflächen, ein Umstand, der sich besonders bei dünnen Werkstücken und tiefen Schnitten auf die Güte der Fräsarbeit entscheidend auswirkt. Beim Zurückfedern des Dornes und der Fräserzähne (infolge G', Abb. 80) wird die Spandicke größer.

Um zu verhindern, daß einzelne Fräserzähne hierbei überlastet werden, muß mit kräftigen Fräsdornen oder Fräseraufnahmen gearbeitet werden. Ferner machen sich fehlerhafte Schnittwinkel besonders störend bemerkbar, zumal für Gleichlauffräser grundsätzlich andere Spanwinkel zweckmäßiger sind als für Gegenlauffräser. Richtwerte sind in Tabelle 16 enthalten.

Tabelle 16. *Schnittwinkel beim Fräsen (Richtwerte).*

Werkstoff	Spanwinkel	Freiwinkel
Weicher unlegierter Stahl, Festigkeit bis 60 kg/mm²	12°···20°	5°···8°
Unlegierter Stahl, Festigkeit bis 85 kg/mm², Stahlguß, Temperguß	8°···12°	4°···6°
Vergüteter Stahl, Festigkeit bis 110 kg/mm²		
Gegenlauf	6°···8°	4°···5°
Gleichlauf	14°···18°	8°···12°
Verschleißfester Stahl, Festigkeit bis 130 kg/mm²		
Gegenlauf	4°···6°	3°···5°
Gleichlauf	12°···16°	6°···10°
Grauguß, Brinellhärte 180 kg/mm²	6°···10°	5°···6°
Grauguß, Brinellhärte über 180 kg/mm²	4°···6°	3°···5°
Kupfer	12°···20°	5°···6°
Hartmessing, spröde Bronze	0°···5°	4°···6°
Sondermessing und zähe Bronze	8°···12°	5°···8°
Leichtmetalle	15°···30°	8°···12°
Preßstoffe	5°···15°	4°···6°

Bei Fräsern mit Hartmetallschneiden sind die unteren Grenzen zu wählen. Formfräser werden oft (Ausnahme: Fräser für Leichtmetalle!) mit radialer Zahnbrust (Spanwinkel 0°) ausgeführt, da sonst eine Formberichtigung erforderlich ist. *Gleichlauffräser* müssen immer einen *größeren Freiwinkel*, in den meisten Fällen außerdem einen *größeren Spanwinkel* haben, damit sich die Späne nicht zu stark stauchen.

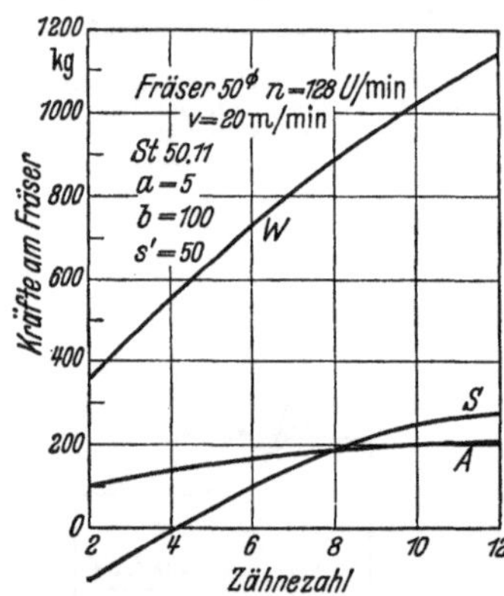

Abb. 81. Beispiele: Gemessene Mittelwerte von Schnittkräften, abhängig von Fräserzähnezahl (Stock). W Waagerecht-Teilkraft, S Senkrecht-Teilkraft, A Axial-Teilkraft.

Die einzelnen Schnittkräfte (Beispiele sind in Abb. 81 u. 83 gegeben) können nur unter Annahme vereinfachter Verhältnisse berechnet werden. Für den Betriebsmann genügt es, sich einen Begriff von der Größenordnung der Hauptschnittkraft zu machen und zu diesem Zweck die mittlere Umfangskraft P, die einer bestimmten Nettoleistung N_e entspricht, aus der einfachen Gleichung zu berechnen:

$$P \text{ (kg)} = 6120 \cdot \frac{N_e \text{ (kW)}}{v \text{ (m/min)}}.$$

Zur schnellen Bestimmung kann man eine Darstellung wie Abb. 82 benutzen, in der auch die zulässige Beanspruchungsgrenze der Fräsdorne (Durchbiegung etwa 200 μ) eingetragen ist.

Beispiel:

Walzenfräser, 100 mm Durchmesser mit 8 Zähnen und 50° Drallwinkel auf St 50.11 (Gegenlauffräsen), Schnittiefe $a = 5$ mm, Fräsbreite $b = 100$ mm, Vorschubgeschwindigkeit $s' = 118$ mm/min, Schnittgeschwindigkeit $v = 20$ m/min, Drehzahl $n = 64$ U/min, Nutzleistung $N_e = 3,5$ kW.

Die Umfangskraft ergibt sich aus $P = 6120 \cdot 3,5/20 = 1070$ kg.

Fräsdorndurchmesser 40 mm.

Die übrigen Schnittkräfte wurden gemessen und hatten folgende Mittelwerte:
Waagerechtteilkraft $W = 1110$ kg, Senkrechtteilkraft $S = 110$ kg, Axialteilkraft $A = 300$ kg.

Soll geprüft werden, ob die Kraftbeanspruchung der Maschine, des Fräsers, des Fräsdornes oder der Fräseraufnahme innerhalb zulässiger Grenzen liegt, so sind die Größtwerte der Kräfte (Beispiele sind in Abb. 83 für St 60.11 und für Grauguß dargestellt) zugrunde zu legen.

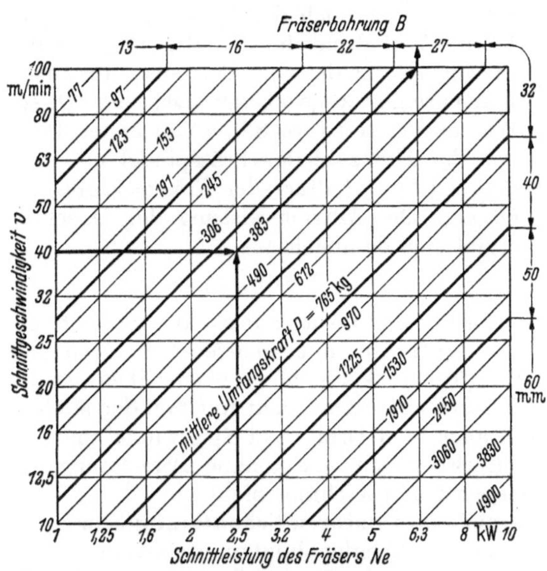

Abb. 82. Bestimmung der mittleren Umfangskraft und der Fräserbohrung für Fräser auf zweifach gelagertem Dorn. Beispiel: Für $N_e = 2{,}5$ kW und v $= 40$ m/min ergibt sich $P = 383$ kg und eine Fräserbohrung $B = 27$ mm.

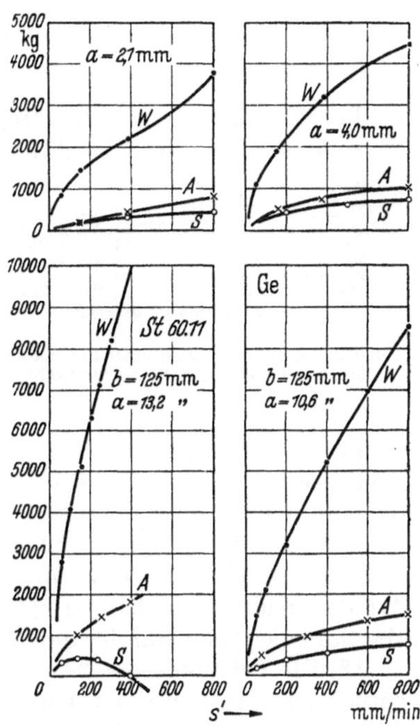

Abb. 83. Gemessene Größtwerte von Schnittkräften (EISELE).

D. Leistungsbedarf beim Fräsen.

Für die Bestimmung des Leistungsbedarfs [46] stehen verschiedene Angaben zur Verfügung.

17. Die mittlere spezifische (bezogene) Schnittkraft k_M kg/mm² kann zuweilen als Ausgangspunkt dienen. Sie ist abhängig von der Mittenspandicke $h_M = s_z \sqrt{a/D}$ (vgl. Tabelle 1).

In Abb. 84 sind einige Werte wiedergegeben. Die Nettoleistung bei Schnittiefe a, Fräsbreite b und Vorschubgeschwindigkeit s' ergibt sich dann zu

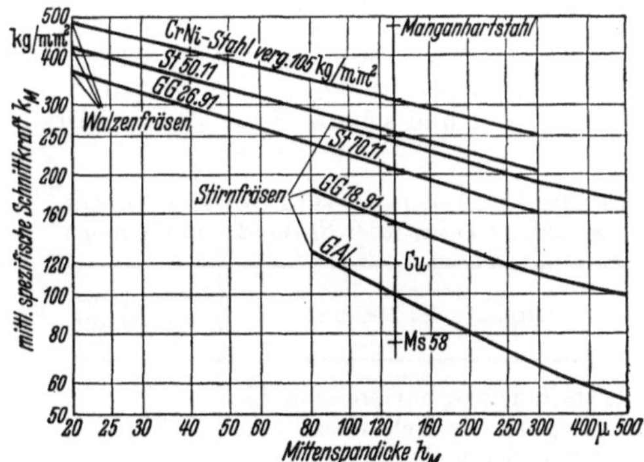

Abb. 84. Spezifische Schnittkraft k_M (kg/mm²) abhängig von der Mittenspandicke h_M ($\mu = 1/1000$ mm).

$$N_e = \frac{k_M\, a\, b\, s'}{6120 \cdot 1000} \text{ (kW)}.$$

Rechnungsbeispiel. Walzenfräser 100 mm Durchmesser, 8 Zähne, auf St 50.11 (wie oben): $a = 5$ mm, $b = 100$ mm, $s' = 118$ mm/min, $n = 64$ U/min, $s_z = \dfrac{118}{64 \cdot 8} = 0{,}23$ mm.

Man erhält

$$h_M = 0{,}23 \sqrt{5/100} = 0{,}051 \text{ mm} = 51\,\mu\,.$$

Für diesen Wert ergibt sich aus Abb. 84

$$k_M = 325\ \text{kg/mm}^2\ \text{und die Nutzleistung}$$

$$N_e = \frac{325 \cdot 5 \cdot 100 \cdot 118}{6120 \cdot 1000} = \text{rund 3 kW.}$$

Bei der Berechnung der Maschinenleistung ist noch der Wirkungsgrad η der Fräsmaschine zu berücksichtigen, d. h. das Verhältnis der Nutzleistung (an der Frässpindel) zu der vom Antriebsmotor an die Fräsmaschine abgegebenen Leistung. Dieser Wirkungsgrad (Abb. 85) ist in erster Linie von der Drehzahl der Frässpindel und von dem Zustand (Alter) der Fräsmaschine abhängig. Die Antriebsleistung der Maschine ergibt sich demnach aus

Abb. 85. Der Wirkungsgrad einer Fräsmaschine sinkt mit steigender Spindeldrehzahl.

$$N = N_e/\eta .$$

Für den eben geschilderten Rechnungsgang sind bisher nur k_M-Werte veröffentlicht worden, die — strenggenommen — für Fräser mit scharfen Schneiden und bestimmten Schnittwinkeln gelten. Wie frühere Versuche ergeben haben, ist die Nutzleistung beim Fräsen mit Walzenfräsern außerdem nicht nur von der Mittenspandicke und dem Werkstoff, sondern auch vom Drall- und Spanwinkel und der Art der Kühlung abhängig. Diese Einflüsse lassen eine genaue Berechnung der Maschinenleistung auf Grund der angegebenen Gleichung nicht zu.

18. Die Leistungsberechnung auf Grund eines linearen Schnittkraftgesetzes [47] berücksichtigt auch die bei fortschreitender Schneidenabnutzung eintretende Änderung der Schnittverhältnisse. Diese kann sehr bedeutungsvoll werden, wie Untersuchungen über die Schneidentemperaturen [48] zeigten (Tabelle 17).

Leistung: $N_e = a\, b\, s'\, (f + g/h_M)\, (1 + \mu\, \text{tg}\, \lambda) .$

Hierin:

f (kg/mm²) Kennziffer, abhängig von Werkstoff und Spanwinkel ($f = 250$ für St 50.11 und
    Spanwinkel 10°),
g (kg/mm) Werkstoffkennziffer ($g = 3$ für St 50.11),
μ Reibungsziffer, abhängig von Werkstoff und Zustand der Werkzeugschneide ($\mu = 0{,}25$ für
    St 50.11 und scharfe Schneiden), $\lambda°$ Drallwinkel.

<table>
<tr><td colspan="2">Tabelle 17. Änderung der Schneidentemperatur mit zunehmender Schneidenabnutzung.</td><td colspan="2">Tabelle 18. Zulässige Spanmenge beim Fräsen (Richtwerte).</td></tr>
</table>

Zeitpunkt der Messung	Schneidentemperatur	Werkstoff	Richtwerte für zulässige Spanmenge V_z cm³/kW min
Anstellen der scharfen Schneide (Beginn des Schnittes)	198°	Unlegierter Stahl bis 60 kg/mm² Festigkeit	12···16
Scharfe Schneide während des Schnittes	405°	bis 85 kg/mm² Festigkeit	10···14
Nach leichter Schneidenabnutzung	457°	Legierter Stahl bis 95 kg/mm² Festigkeit	9···12
Nach weiterer Abnutzung ...	480°	bis 110 kg/mm² Festigkeit	6···8
Bei leichter Abstumpfung ...	586°	Grauguß, Brinellhärte bis 200	20···28
Bei vollständiger Abstumpfung	627°	über 200 bis 250 kg/mm² .	15···20
Leerlauf der abgestumpften Schneide (Reibungsschwingungen)	197°···438°	Bronze	20···25
		Rotguß, Messing	28···40
		Leichtmetalle	40···70

Bei Stirnfräsern und Messerköpfen können die Werte bis zu 30% höher eingesetzt werden.

Da der Zustand der Schneide und die hierdurch bedingten Kennziffern im voraus nicht bekannt sind, ist es auch so nicht möglich, alle Einflüsse rechnerisch im voraus zu erfassen.

19. Die Maschinenleistung auf Grund von Richtwerten für die zulässige Spanmenge V_z (cm³/kW min) **zu berechnen**, ist für den Betriebsmann vollkommen ausreichend:

$$N = a\,b\,s'/1000\,V_z\,.$$

Die oberen Werte der Tabelle 18 gelten für kleine Schnittgeschwindigkeiten, die unteren für große Schnittgeschwindigkeit und die obere Festigkeitsgrenze.

Für die schnelle Bestimmung der Maschinenleistung (einschließlich der Leistung für den Vorschubantrieb) dient Tabelle 19.

Tabelle 19. *Bestimmung der Maschinenleistung abhängig von Spanquerschnitt, Vorschub und Werkstoff.*

Maschinenleistung kW $N = a\,b\,s'/1000\,V_z$					Vorschubgeschwindigkeit s' mm/min									
9	12,5	18	36	50								1000	710	500
6,3	9	12,5	25	36							1000	710	500	355
4,5	6,3	9	18	25						1000	710	500	355	250
3,2	4,5	6,3	12,5	18					1000	710	500	355	250	180
2,2	3,2	4,5	9	12,5				1000	710	500	355	250	180	125
1,6	2,2	3,2	6,3	9			1000	710	500	355	250	*180*	125	90
1,1	1,6	2,2	4,5	6,3		1000	710	500	355	250	180	125	90	63
0,8	1,1	1,6	3,2	4,5	1000	710	500	355	250	180	125	90	63	45
—	0,8	1,1	2,2	3,2	710	500	355	250	180	125	90	63	45	32
—	—	0,8	1,6	2,2	500	355	250	180	125	90	63	45	32	22
—	—	—	1,1	1,6	355	250	180	125	90	63	45	32	22	16
—	—	—	0,8	1,1	250	180	125	90	63	45	32	22	16	11
—	—	—	—	0,8	180	125	90	63	45	32	22	16	11	8
Leicht-metall	Messing	Grauguß	Stahl weich	Stahl hart	45	63	90	125	180	250	355	*500*	710	1000
56	40	28	14	10	Fräsquerschnitt $a \cdot b$ mm²									
V_z = cm³/kW min														

Rechnungsbeispiel. Walzenfräser auf Grauguß 180 kg/mm² Brinellhärte.

a = 5 mm,
b = 100 mm, Fräsquerschnitt $a \cdot b$ = 500 mm²,
s' = 180 mm/min,
Spanmenge $V = a b s'$ = 90 cm³/min.
Es wird die Maschinenleistung N = 90/28 = 3,2 kW.

III. Arbeitszeitermittlung beim Fräsen.

A. Unterteilung der Fräszeit.

Für die Berechnung der Vorgabezeit (Akkordzeit) wird der einzelne Fräsauftrag nach REFA [49] weitgehend unterteilt.

20. Die Auftragszeit T, die insgesamt vorzugeben ist, gliedert sich in *Rüstzeit* und *Ausführungszeit:*

$$T = t_r + t_a$$

Rüstzeit $t_r = t_{rg} + t_{rv}$ $\qquad$ Ausführungszeit $t_a = m\,t_e = m\,(t_g + t_v)$

hierin

$t_{rg} =$ Rüstgrundzeit (Abschn. 21.) $\qquad$ m-Anzahl der Einheiten des Auftrags
$\qquad\qquad\qquad\qquad\qquad\qquad\qquad\qquad\qquad\qquad$ (Stückzahl)
$\qquad\qquad\qquad\qquad\qquad\qquad\qquad\qquad$ $t_e =$ Zeit je Einheit (Stückzeit)
$\qquad\qquad\qquad\qquad\qquad\qquad\qquad\qquad\quad$ $= t_g + t_v$
$t_{rv} =$ Rüstverteilzeit (23.) $\qquad\qquad\quad$ $t_g =$ Grundzeit (22.)
$\qquad$ (Rüstverlustzeit) $\qquad\qquad\qquad\quad$ $t_v =$ Verteilzeit (23.) (Verlustzeit).

21. Die Rüstgrundzeit t_{rg} ($t =$ Abkürzung für das lateinische Wort tempus = Zeit, $r =$ Rüsten, $g =$ Grund) umfaßt Zeiten, die der allgemeinen Vorbereitung und Erledigung eines Fräsauftrages dienen, beispielsweise

Holen und Abliefern der Werkstücke, Zeichnungen und Werkzeuge, Auf- und Abrüsten (Einrichten) der Maschine,
Bereitstellen der Spannmittel, Säubern der Maschine und Werkzeuge.

Die Rüstgrundzeit ist unabhängig von der Zahl der Werkstücke und daher für jeden Fräsauftrag nur einmal einzusetzen.

22. Grundzeit $t_g =$ **(Hauptzeit** t_h **+ Nebenzeit** t_n**).** Unter diesen Begriff fallen alle Zeiten, die der Vorbereitung und Durchführung des eigentlichen Fräsvorganges dienen. Die für das Fräsen selbst aufgewendete Zeit wird als Hauptzeit t_h bezeichnet; sie ist bei Maschinenvorschub eine Maschinenzeit, bei Handvorschub eine Handzeit.

Die für Hilfsarbeiten beim Fräsvorgang gebrauchte Zeit heißt Nebenzeit t_n. Hierzu gehören beispielsweise:

Ein- und Ausspannen des Werkstückes,
Ein- und Ausschalten der Maschine (Frässpindel und Vorschub),
Anstellen des Spanes und Messen,
Tischverstellung.

Haupt- und Nebenzeit gelten für jedes einzelne Werkstück und ergeben zusammen die Grundzeit.

23. Verteilzeiten (Verlustzeiten) t_{rv} **und** t_v. Bei der Zeitberechnung sind ferner alle Verlustzeiten [51] zu berücksichtigen, die regelmäßig entstehen, beispielsweise durch Warten an der Werkzeugausgabe, kleine Nebenarbeiten, persönliche Bedürfnisse und anderes mehr. In der Regel werden der Einfachheit halber zu den berechneten oder aus Tabellen entnommenen Rüstgrundzeiten t_{rg} und Grundzeiten t_g die Rüstverteilzeiten t_{rv} und Verteilzeiten t_v in Prozent zugeschlagen. Die Höhe dieser Zuschläge ist für jeden Betrieb verschieden, sie liegt meist zwischen 10 und 20%.

Im folgenden Beispiel, das dem Refabuch „Fräsen" [50] entnommen ist, sei der Rechnungsgang für die Ermittlung der Auftragszeit T zunächst grundsätzlich dargestellt. Die Berechnung der einzelnen Werte wird später an weiteren Beispielen erläutert.

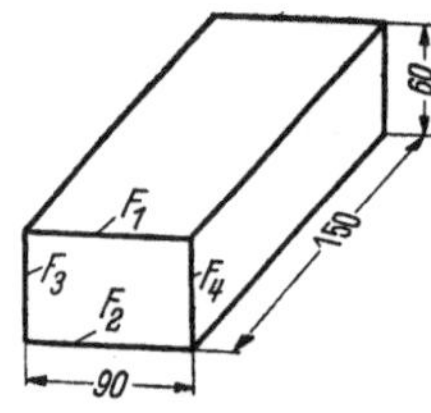

Abb. 86. Berechnungsbeispiel: Walzenfräsen von Blöcken aus St 60.11.

Beispiel: Blöcke aus St 60.11, 90 mm breit, 60 mm hoch, 150 mm lang, 4 Flächen mit Walzenfräser 80 mm Durchmesser vor- und fertigfräsen (Abb. 86).

1. Rüstzeit t_r:
Rüstgrundzeit $\ t_{rg} = 28$ min,
Rüstverteilzeit $t_{rv} = 12\%$ von t_{rg}, $t_r = 1{,}12 \cdot 28 = 32$ min.

2. Zeit je Einheit (Stückzeit) t_e:
Hauptzeit $\qquad t_h = 16{,}55$ min
Nebenzeit $\qquad t_n = 11{,}64$ min
Grundzeit $\qquad t_g = 28{,}19$ min
Verteilzeit $\qquad t_v = 12\%$ von t_g, $t_e = 1{,}12 \cdot 28{,}19 = 31{,}6$ min.

3. Auftragszeit T:

Zahl der Einheiten $m =$	1	2	5	10 Stück
$T = t_r + m \cdot t_e$ $=$	63,6	95,2	190	348 min
Rüstzeitanteil $t_r/T =$	50	34	17	9 %

Der Rüstzeitanteil liegt bei wirtschaftlicher Fertigung im Mittel unter 20%.

B. Berechnung der Fräszeit.

Für die Vorausberechnung (Vorkalkulation) der Rüst-, Haupt- und Nebenzeiten werden im folgenden einige Richtwerte und Beispiele gegeben. Sie gelten nur für bestimmte Betriebsverhältnisse und sollten daher vor Anwendung überprüft oder den Besonderheiten des eigenen Betriebes angepaßt werden.

24. Ermittlung der Rüstgrundzeit t_{rg}. Bei der Aufstellung von Richtwerten für die Rüstgrundzeit (Tabelle 22, S. 42) sind außer der Maschinengröße auch die Form des verwendeten Fräsers und die Art des Spannmittels zu berücksichtigen.

25. Berechnung der Hauptzeit t_h. Die Hauptzeit (Maschinenzeit) ist abhängig von der Fräslänge L (mm), der gewählten Vorschubgeschwindigkeit s' (mm/min) und der Zahl der Schnitte i. Sie wird berechnet aus $t_h = \dfrac{L}{s'} \cdot i$. Bei der Festlegung der Fräs-

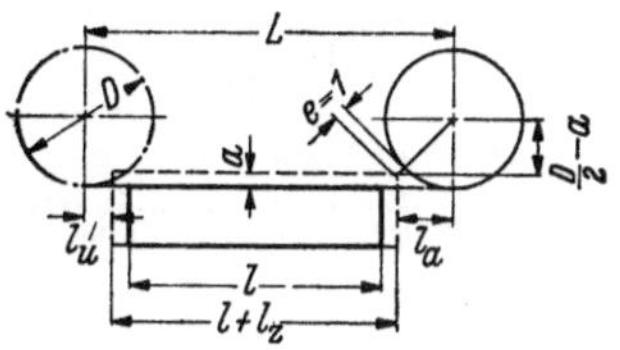

$$L = (l + l_z) + (l_a + l_u)$$
$$l_a = \sqrt{D\,(a + 1) - (a^2 + 1)}$$
$$l_u \geqq 1 \text{ mm}$$

Abb. 87. Die Fräslänge L besteht beim Umfangsfräsen aus der Fertiglänge l, den Werkstoffzugaben l_z und den Anlauf- und Überlaufwegen $(l_a + l_u)$. Nur beim Schlichten mit Scheibenfräsern muß der Fräser vollkommen aus dem Werkstück herauslaufen. Dann $l_u = l_a$.

länge L müssen zu der auf der Zeichnung angegebenen Fertiglänge l des Werkstückes die Werkstoffzugaben l_z sowie die An- und Überlaufwege $(l_a + l_u)$ zugeschlagen werden (Abb. 87). Es ist demnach $L = (l + l_z) + (l_a + l_u)$. Die Werte sind je nach Fräserform und -durchmesser, Art des Arbeitsganges (Schrupp- oder Schlichtfräsen) und Schnittiefe verschieden (Abb. 87 u. 88). Für Walzen- und Scheibenfräser können sie der Tabelle 20, für

Tabelle 20. *An- und Überlaufwege für walzen- und scheibenförmige Fräser.*

D mm	Anlaufweg l_a mm							
200	18	20	29	35	42	46	56	62
160	16	18	26	31	37	41	50	55
125	14	16	23	27	33	36	44	48
100	13	14	20	24	29	32	38	42
80	11	13	18	22	26	28	34	36
63	10	11	16	19	23	25	29	31
50	9	10	14	17	20	22	25	26
40	8	9	13	15	18	19	21	21
32	7	8	11	13	15	16	17	17
20	6	7	9	10	11	11	10	5
16	5	6	8	9	9	9	5	—
10	4	5	6	6	6	4	—	—
8	4	4	5	5	3	—	—	—
5	3	3	4	3	—	—	—	—
4	3	3	3	—	—	—	—	—
2	2	2	—	—	—	—	—	—
Fräser-durchmesser	0,5	1	3	5	8	10	16	20
	Frästiefe a mm							

Überlaufwege: $l_u = 1$ mm; jedoch für $\nabla\nabla$ mit scheibenförmigen Fräsern $l_u = l_a$.

Stirnfräser und Messerköpfe der Tabelle 21 entnommen werden. Richtwerte für die Vorschubgeschwindigkeiten wurden bereits früher (Tabellen 1 bis 5) gebracht.

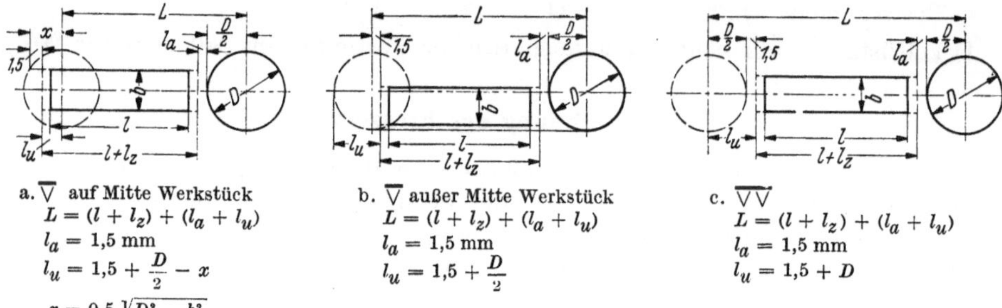

a. ∇ auf Mitte Werkstück
$$L = (l + l_z) + (l_a + l_u)$$
$$l_a = 1{,}5 \text{ mm}$$
$$l_u = 1{,}5 + \frac{D}{2} - x$$
$$x = 0{,}5 \sqrt{D^2 - b^2}$$

b. ∇ außer Mitte Werkstück
$$L = (l + l_z) + (l_a + l_u)$$
$$l_a = 1{,}5 \text{ mm}$$
$$l_u = 1{,}5 + \frac{D}{2}$$

c. $\nabla\nabla$
$$L = (l + l_z) + (l_a + l_u)$$
$$l_a = 1{,}5 \text{ mm}$$
$$l_u = 1{,}5 + D$$

Abb. 88 a—c. Die Fräslänge L ändert sich beim Stirnfräsen mit der Stellung des Fräswerkzeuges zum Werkstück (Fall a auf Mitte oder Fall b außer Mitte). Beim Schlichten (Fall c) läuft das Werkzeug mit dem vollen Durchmesser über die Fräsfläche hinaus.

Tabelle 21. *An- und Überlaufwege für Stirnfräser und Messerköpfe.*

Schlichtfräsen	$l_a + l_u = 3 + D$ mm
Schruppfräsen	
außer Mitte Werkstück	$l_a + l_u = 3 + 0{,}5\,D$
auf Mitte Werkstück	$l_a + l_u = 3 + 0{,}5\,D - 0{,}5\sqrt{D^2 - b^2}$
	$= 3 + 0{,}5\,(D - b)$ für $D \sim 1{,}4\,b$

Die Anwendung der Tabellen zeigen die Beispiele auf S. 44 bis 47.

Tabelle 22. *Richtwerte für die Rüstgrundzeit in min.*

Arbeitsgruppe	Antriebsleistung der Fräsmaschine (Maschinengröße)		
	2,5 kW	5 kW	7,5 kW
1. Heranschaffen und Abliefern der Arbeit und Werkzeuge	8···10	9···12	10···14
2. Auf- und Abrüsten der Maschine bei Verwendung			
eines einfachen Fräsers	6···9	8···10	10···15
eines Messerkopfes	7···10	9···13	11···17
eines zweiteiligen Satzfräsers	9···12	12···16	15···20
eines vierteiligen Satzfräsers	14···17	17···21	21···26
3. Bereitstellen und Aufbringen der Spannmittel bei Verwendung von			
Spanneisen oder Schraubstock	4	5	6
Vorrichtung oder Winkel klein	4	6	—
groß	—	8	11
Teilkopf ohne Gegenspitze	6	7	9
mit Gegenspitze	8	10	13
4. Säubern von Maschine und Werkzeug	2	3	4

Tabelle 23. *Zeiten für die Tischverstellung (Richtwerte) in min.*

Tischweg	Art der Tischverstellung					
	längs		quer		senkrecht	
mm	von Hand	maschinell	von Hand	maschinell	von Hand	maschinell
40	0,2	0,1	0,32	0,2	0,4	0,25
100	0,32	0,13	0,5	0,25	0,63	0,4
250	0,5	0,2	0,8	0,32	1,25	0,5
400	0,8	0,32	—	—	1,6	0,63
630	1,0	0,4	—	—	—	—
800	1,25	0,5	—	—	—	—

Tabelle 24. *Zeiten für Spannen (Richtwerte).*
I. Ausrichten nach Augenmaß, II. Ausrichten nach Winkel, III. Ausrichten nach Anriß.

Spannzeit min — für Werkstückgewicht kg

Spannart	0,5	0,63	0,8	1,0	1,25	1,6	2,0	2,5	3,15	4	5	6,3	8	10	12,5	16
Spannen auf Tisch mit zwei Spanneisen I				1	10	16	20	25	32		40	50	63	80	100	
II							1	4	10	16	25	40	50	63	80	100
III								1	4	10	16	25	40	50	80	100
Schraubstock I			1	10	16	25	32	40	50							
II					1	10	16	25	32	40	50					
III							1	10	16	25	40	50				
Einfache Vorrichtung I		1	10	16	25	28	32	40	50		63	71	80	100		
Winkel mit zwei Spanneisen I					1	10	16	25	32		40	50	63	80	100	
II								1	10		25	40	50	63	80	100
III									1	10	16	25	40	50	80	100
Teilkopf in Futter oder zwischen Spitzen I		1	10	16	25	28	32	40	50							
II					1	4	10	16	25	40	50					
III						1	4	10	16	25	40	50				
Teilkopf auf Dorn I							1	2	5	10	25	50				
II								1	2	5	10	25	50			
III									1	4	10	16	25	50		

26. Bestimmung der Nebenzeit t_n. **a)** Zeiten für die Tischverstellung.
Die für die Tischverstellung erforderlichen Zeiten hängen von der Antriebsart (von Hand oder mit maschinellem *Vorschub*) ab. Außerdem sind der zurückzulegende Tischweg und die Steigung der Bewegungsspindeln zu berücksichtigen. Da sich die Spindelsteigungen in den verschiedenen Bewegungsrichtungen des Frästisches (Abb. 89) in der Regel unterscheiden, ist es nicht gleichgültig,

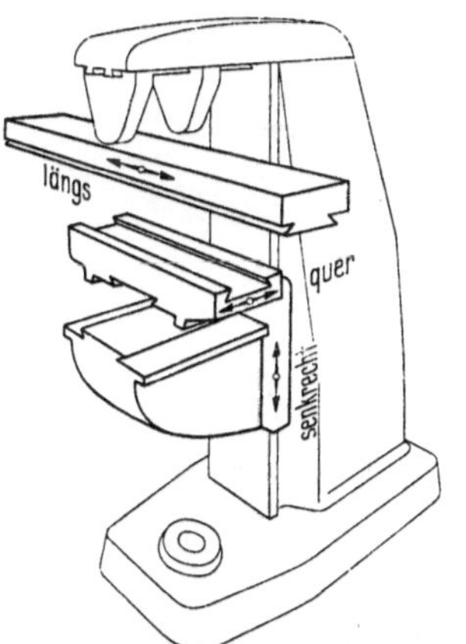

Abb. 89. Bewegungsrichtungen des Frästisches: längs (vorwärts, rückwärts), quer (vor, zurück), senkrecht (aufwärts, abwärts).

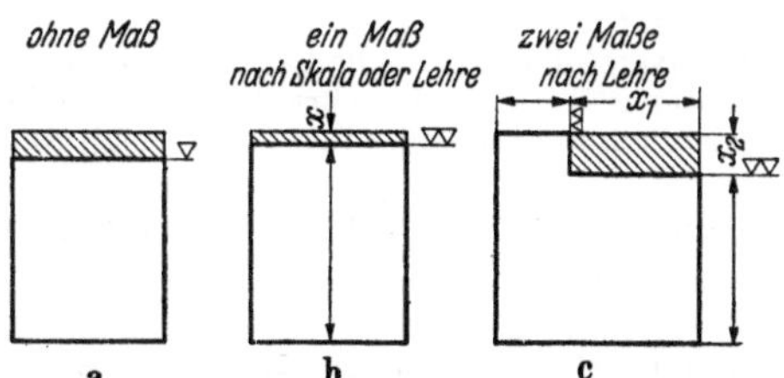

Abb. 90 a—c. Anstell- und Meßarten beim Fräsen.

in welcher Richtung der Tisch zu bewegen ist. Für übliche Fräsmaschinenbauarten sind Richtwerte in Tabelle 23 zusammengestellt. Es ist zweckmäßig, für den eigenen Maschinenpark entsprechende Zahlentafeln zu entwickeln.

b) Die Spannzeiten werden durch das Gewicht des Werkstückes, das Spannmittel und die Art des Ausrichtens bestimmt. Die Werte sind verschieden, je nachdem, ob nach Augenmaß, nach Winkel oder nach Anriß ausgerichtet wird (Tabelle 24).

c) Zeiten für Anstellen und Messen. Beim Anstellen des Spanes und beim Messen sind die zulässige Maßabweichung und die Meßart (Abb. 90) in Rechnung zu setzen. Richtwerte siehe Tabelle 25.

Tabelle 25. *Zeiten für Span anstellen und Messen (Richtwerte) in min.*

zulässige Maßabweichung mm	Span anstellen			
	ohne Messen	nach Skala	nach Lehre	2 Maße nach Lehre
0,5 (500 μ)	0,1	0,32	0,8	1,25
0,1 (100 μ)	0,16	0,4	1,6	2,5
0,05 (50 μ)	0,32	1,25	2,5	4,0

1. Beispiel (vgl. Abb. 5, S. 5). **Walzenfräsen von Auflageflächen.**
Werkstück: Je 4 Leisten $22 \times 50 \times 200$ mm aus St 60.11.
Werkzeug: HS-Walzenfräser 80 mm Durchmesser auf Dorn mit Gegenlager.
Fräsmaschine: Waagerecht- oder Plan-Fräsmaschine 2,5 kW.
Spannmittel: Schraubstock.

1. **Rüstzeit** t_r:
    Rüstgrundzeit (aus Tabelle 22, S. 42.)
        Arbeit und Werkzeug   8 min
        Maschine   9 min
        Spannmittel   4 min
        Nebenarbeiten (z. B. Säubern)   2 min

$$t_{rg} = 23 \text{ min}$$

Rüstverteilzeit $t_{rv} = 15\%$ von t_{rg} $t_r = 1{,}15 \cdot 23 \approx 26{,}5$ min.

2. **Zeit je Einheit (Stückzeit)** t_e:

$$\textit{Hauptzeit } t_h = \frac{L}{s'} \cdot i = \frac{224}{90}\, l = 2{,}5 \text{ min}$$

    Fertiglänge l = 200 mm
    Werkstoffzugabe l_z =   6 mm
    An- und Überlauf $l_a + l_u$ =   18 mm (für $D = 80$ mm, $a = 3$ mm)
    Fräslänge L = 224 mm
    Vorschubgeschwindigkeit s' =   90 mm/min
    (aus Tabelle 2, S. 8)
    Zahl der Schnitte $i = 1$

Nebenzeit t_n:
    Tischverstellung (Tabelle 23) 250 mm längs, Eilgang   0,2 min
    Spannen (Tabelle 24) Schraubstock, I, 10 kg   1,0 min
    Anstellen und Messen (Tabelle 25: nach Skala, Toleranz 500 μ) 0,32 min

$$t_n = 1{,}52 \text{ min}$$

Grundzeit $t_g = t_h + t_n = 2{,}3 + 1{,}52 = 3{,}82$ min.
Verteilzeit $t_v = 10\%$ von t_g $t_e = 1{,}1 \cdot 3{,}82 \approx 4{,}40$ min.

3. **Auftragszeit** T:
    Zahl der Einheiten $m =$ 1   2   5   10   20   Stück
    $T = t_r + m t_e$ = 30,9   35,3   48,5   70,5 114,5 min
    Rüstzeitanteil t_r/T = 86   75   55   38   23   %

2. Beispiel (vgl. Abb. 8, S. 6). **Stirnfräsen von zwei Mitnehmerflächen.**
Werkstück: Fräsdornmutter 58 mm Durchmesser aus C 15.
Werkzeug: HS-Walzenstirnfräser 50 mm Durchmesser auf Aufsteckdorn 22 mm Durchmesser.
Fräsmaschine: Waagerecht-Fräsmaschine 1,5 kW.
Spannmittel; Einfache Teilvorrichtung.

1. **Rüstzeit** t_r:
    Rüstgrundzeit (aus Tabelle 22)
        Arbeit und Werkzeug   10 min
        Maschine   6 min
        Spannmittel   4 min
        Nebenarbeiten   2 min

$$t_{rg} = 22 \text{ min}$$

Rüstverteilzeit $t_{rv} = 20\%$ von t_{rg} $t_r = 1{,}2 \cdot 22 = 26{,}4$ min.

2. Zeit je Einheit (Stückzeit) t_e:

Hauptzeit $t_h = \dfrac{L}{s'} \cdot i = \dfrac{55}{90} \cdot 2 = 1{,}22\,\text{min}$

Fertiglänge l	$= 27\,\text{mm}$	
Werkstoffzugabe l_z	$= 0\,\text{mm}$	
An- und Überlauf $(l_a + l_u)$	$= 28\,\text{mm}$	Fräslänge $L = 55\,\text{mm}$
Schruppen außer Mitte $(D = 50\,\text{mm})$		
(aus Tabelle 21)		

Vorschubgeschwindigkeit (aus Tabelle 2) $s' = 90\,\text{mm/min}$
Zahl der Schnitte $i = 2$
Nebenzeit
Tischverstellung (aus Tabelle 23)

$2 \times 60\,\text{mm}$ längs, von Hand	0,5 min	
Spannen (aus Tabelle 23)	0,6 min	(Vorrichtung I, Gewichtsgruppe 1 kg)
Anstellen und Messen (aus Tabelle 24)	0,4 min	

(nach Lehre, Toleranz $100\,\mu$) $t_n = 1{,}5\,\text{min}$
Grundzeit $t_g = t_h + t_n = 1{,}22 + 1{,}5 = 2{,}72\,\text{min}$
Verteilzeit $t_v = 15\%$ von t_g $t_e = 1{,}15 \cdot 2{,}7 = 3{,}13\,\text{min}$

3. Auftragszeit T:

Zahl der Einheiten $m =$	1	2	5	10	20	50	Stück
$T = t_r + m\,t_e$ $=$	29,5	32,7	42,1	57,7	89,0	182,9	min
Rüstzeitanteil t_r/T $=$	89	81	63	46	30	15	%

3. Beispiel (vgl. Abb. 17, S. 10). Schlichtfräsen von Nuten (Gleichlauf).
Werkstück: Platte aus St 50.11, 300 mm lang.
Werkzeug: HS-Scheibenfräser 125 mm Durchmesser auf Dorn mit Gegenlager.
Fräsmaschine: Waagerecht-Fräsmaschine 3 kW.
Spannmittel: Spanneisen.

1. Rüstzeit t_r:

Arbeit und Werkzeug	10 min
Maschine	9 min
Spannmittel	4 min
Nebenarbeiten, z. B. Säubern	2 min

         $t_{rg} = 25\,\text{min}$
Rüstverteilzeit $t_{rv} = 15\%$ von t_{rg} $t_r = 1{,}15 \cdot 25 = 28{,}8\,\text{min}$

2. Zeit je Einheit (Stückzeit) t_e:

Hauptzeit $t_h = \dfrac{L}{s'} \cdot i = \dfrac{410}{71} \cdot 1 = 5{,}78\,\text{min}$

Fertiglänge l	$= 300\,\text{mm}$	
Werkstoffzugabe l_z	$= 4\,\text{mm}$	Fräslänge $L = 410\,\text{mm}$
An- und Überlauf $(l_a + l_u)$	$= 106\,\text{mm}$	
für $D = 125\,\text{mm}$, $a = 28\,\text{mm}$ (aus Abb. 87)		

Vorschubgeschwindigkeit (aus Tabelle 3, S. 10) $s' = 71\,\text{mm/min}$
Zahl der Schnitte $i = 1$
Nebenzeit
Tischverstellung (aus Tabelle 23)

400 mm längs, Eilgang	$= 0{,}32\,\text{min}$	
Spannen (aus Tabelle 24)	$= 3{,}0\,\text{min}$	(auf Tisch, mit Spanneisen III,
Anstellen und Messen (aus Tabelle 25)	$= 4{,}0\,\text{min}$	Gewichtsgruppe 10 kg)
(2 Maße nach Lehre, Toleranz $50\,\mu$)		

         $t_n = 7{,}32\,\text{min}$
$t_g = t_h + t_n = 5{,}78 + 7{,}32 = 13{,}1\,\text{min}$
Grundzeit $t_g = t_h + t_n = 5{,}78 + 7{,}32 = 13{,}1\,\text{min}$
Verteilzeit $t_v = 15\%$ von t_g $t_e = 1{,}15 \cdot 13{,}1 = 15{,}06\,\text{min}$

3. Auftragszeit T:

Zahl der Einheiten $m =$	1	2	5	10	Stück
$T = t_r + m\,t_e$ $=$	43,9	58,9	104,1	179,4	min
Rüstzeitanteil $t_r/T =$	66	49	28	16	%

4. Beispiel (vgl. Abb. 22, S. 11). Formfräsen von Führungsbahnen.
Werkstück: Führungsteil aus GG 180 Brinell.
Werkzeug: HS-Fräsersatz, vierteilig, 125/110 mm Durchmesser.

Fräsmaschine: Waagerecht-Fräsmaschine 7,5 kW.
Spannmittel: Einfache Vorrichtung.

1. Rüstzeit t_r:

Arbeit und Werkzeug	11 min
Maschine	20 min
Spannmittel	6 min
Nebenarbeiten, z. B. Säubern	4 min

$$t_{rg} = 41 \text{ min}$$

Rüstverteilzeit $t_{rv} = 20\%$ von t_{rg} $\qquad t_r = 1,2 \cdot 41 = 50$ min

2. Zeit je Einheit (Stückzeit) t_e:

Hauptzeit $t_h = \dfrac{L}{s'} \cdot i = \dfrac{264}{50} \cdot 1 = 5,28$ min

Fertiglänge l $\qquad\qquad = 200$ mm $\big\}$
Werkstoffzugabe l_z $\qquad\qquad = 10$ mm $\big\}$ Fräslänge $L = 264$ mm
An- und Überlauf $(l_a + l_u)$ $\qquad = 54$ mm $\big\}$
(aus Tabelle 20) für $D = 125$ mm, $a = 5$ mm
Vorschubgeschwindigkeit (aus Tabelle 3, S. 10) $s' = 50$ mm/min
Zahl der Schnitte $i = 1$
Nebenzeit
Tischverstellung (aus Tabelle 23)

300 mm längs, Eilgang	0,3 min	
Spannen (aus Tabelle 24)	1,3 min	(Vorrichtung I, Gewichts-
Anstellen und Messen (aus Tabelle 25)	0,4 min	gruppe 25 kg)

nach Skala, Toleranz 100μ $\qquad t_n = 2,0$ min
Grundzeit $t_g = t_h + t_n = 5,28 + 2,0 = 7,28$ min
Verteilzeit $t_v = 15\%$ von t_g $\qquad t_e = 1,15 \cdot 7,28 = 8,37$ min

3. Auftragszeit T:

Zahl der Einheiten	$m =$	1	2	5	10	20 Stück
$T = t_r + m \, t_e$	$=$	57,6	66	91,1	132,9	216,6 min
Rüstzeitanteil	$t_r/T =$	85	75	54	37	23 %

5. Beispiel (vgl. Abb. 27, S. 12). Formfräsen von Aussparungen.
Werkstück: Gabel aus Temperguß (GT).
Werkzeug: Hinterdrehter scheibenförmiger HS-Formfräser, 90 mm Durchmesser, fliegend auf Dorn.
Fräsmaschine: Senkrecht-Fräsmaschine 2 kW.
Spannmittel: Einfache Vorrichtung.

1. Rüstzeit t_r: (aus Tabelle 22)

Arbeit und Werkzeug	8 min
Maschine	6 min
Spannmittel	4 min
Nebenarbeiten, z. B. Säubern	2 min

$$t_{rg} = 20 \text{ min}$$

Rüstverteilzeit $t_{rv} = 16\%$ von t_{rg} $\qquad t_r = 1,16 \cdot 20 = 23,2$ min

2. Zeit je Einheit (Stückzeit) t_e:

Hauptzeit $t_h = \dfrac{L}{s'} \; i = \dfrac{95}{22} \cdot 1 = 4,33$ min

Fertiglänge l $\qquad\qquad = 30$ mm $\big\}$
Werkstoffzugabe l_z $\qquad\qquad = 5$ mm $\big\}$ Fräslänge $L = 95$ mm
An- und Überlauf $(l_a + l_u)$ $\qquad = 60$ mm $\big\}$
(aus Tabelle 20) für $D = 90$ mm, $a = 10$ mm
Vorschubgeschwindigkeit (aus Tabelle 3, S. 10) $s' = 22$ mm/min
Zahl der Schnitte $i = 1$
Nebenzeit
Tischverstellung (aus Tabelle 23)

100 mm längs, von Hand	0,32 min	
Spannen (aus Tabelle 24)	0,63 min	(Vorrichtung I, Gewichts-
Anstellen und Messen (aus Tabelle 25)	0,45 min	gruppe 10 kg)

nach Skala, Toleranz 100μ $\qquad t_n = 1,4$ min
Grundzeit $t_g = t_h + t_n = 4,33 + 1,4 = 5,73$ min
Verteilzeit $t_v = 12\%$ von t_g $\qquad t_e = 1,12 \cdot 5,73 = 6,42$ min

3. **Auftragszeit** T:

Zahl der Einheiten	$m =$	1	2	5	10	20	Stück
$T = t_r + m\,t_e$	$=$	29,6	36,0	55,3	87,4	151,4	min
Rüstzeitanteil	$t_r/T =$	79	65	42	27	16	%

6. Beispiel (vgl. Abb. 41, S. 17). **Rundfräsen von 3 Innennuten.**
Werkstück: Buchse aus 25 CrMo 4, 90 kg/mm² Zugfestigkeit.
Werkzeug: Fräsersatz, 90 mm Durchmesser, dreiteilig HS, auf Dorn.
Fräsmaschine: Senkrecht-Fräsmaschine 3 kW.
Spannmittel: Rundtisch (einfache Vorrichtung).

1. **Rüstzeit** t_r: (aus Tabelle 22)

Arbeit und Werkzeug	9 min
Maschine	14 min
Spannmittel	4 min
Nebenarbeiten, z. B. Säubern	2 min
	$t_{rg} = 29$ min

Rüstverteilzeit $t_{rv} = 12\%$ von t_{rg} $t_r = 1,12 \cdot 29 = 32,5$ min

2. **Zeit je Einheit (Stückzeit)** t_e:

$$Hauptzeit\ t_h = \frac{L}{s'} \cdot i = \frac{385}{22} \cdot 1 = 17,5 \text{ min}$$

Fertiglänge $l = 105 \cdot 3,14$	$= 330$ mm	
Werkstoffzugabe l_z	$= 0$ mm	Fräslänge $L = 385$ mm
An- und Überlauf $(l_a + l_u) = l/6 =$	55 mm	

(aus Abb. 39)
Vorschubgeschwindigkeit (aus Tabelle 2, S. 8) $s' = 22$ mm/min
Zahl der Schnitte $i = 1$
Nebenzeit
Tischverstellung (aus Tabelle 23)

40 mm quer, von Hand	0,32 min	
Spannen (aus Tabelle 24)	0,63 min	(Vorrichtung I, Gewichts-
Anstellen und Messen (aus Tabelle 25)	1,25 min	gruppe 10 kg)
nach Skala, Toleranz 50 μ	$t_n = 2,2$ min	

Grundzeit $t_g = t_h + t_n = 17,5 + 2,2 = 19,7$ min
Verteilzeit $t_v = 15\%$ von t_g $t_e = 1,15 \cdot 17,6 = 22,66$ min

3. **Auftragszeit** T:

Zahl der Einheiten	$m =$	1	2	5	10	Stück
$T = t_r + m \cdot t_e$	$=$	55,2	77,8	145,8	259,1	min
Rüstzeitanteil	$t_r/T =$	59	42	22	13	%

C. Vereinfachte Berechnung der Fräszeit.

Die genaue Berechnung der Fräszeit ist verhältnismäßig zeitraubend und lohnt sich daher in manchen Fällen, beispielsweise bei kleineren Stückzahlen, nicht. Andererseits wäre es nicht richtig, deswegen überhaupt auf die Vorausberechnung zu verzichten. Durch Vereinfachung der bisher geschilderten Berechnungsweise können schnell praktisch brauchbare Werte festgestellt werden. Zwei Wege sollen hier kurz geschildert werden, nänlich das Aufstellen von Zeittabellen für bestimmte Maschinengruppen und solcher für einander ähnliche Arbeitsfälle.

27. Zeittabellen für bestimmte Maschinen. Die in Tabelle 22 angegebenen Richtwerte der Rüstgrundzeiten lassen sich für bestimmte Maschinengruppen oder Maschinengrößen vereinfachen und so umformen, daß Spannmittel und Fräsart hervortreten (Tabelle 26 u. 27, S. 48). Hierbei ist es zweckmäßig, bei der Abstufung Normzahlen (DIN 323) zu verwenden. In gleicher Weise können auch die Spannzeiten zusammengefaßt werden (Tabelle 28).

28. Zeittabellen für einander ähnliche Arbeitsfälle. Wenn sich beim Fräsen verschiedener Werkstücke nur ein Maß, beispielsweise die Fräslänge, ändert, kann man sich auf einfache Weise Zeittabellen für die verschiedenen Arbeitsfälle aufstellen, ohne daß jeder einzelne Fall genau durchgerechnet zu werden braucht.

Man bestimmt alle Werte eines bestimmten Bereiches dadurch, daß man die beiden Grenzen und einen oder zwei in der Mitte zwischen beiden liegende Werte genau ausrechnet und durch eine Kurve verbindet. Dieser können dann Zwischenwerte entnommen werden.

Tabelle 26. *Rüstgrundzeiten* t_{rg} *(Minuten) für Fräsmaschinengruppe 2,5 kW, Werkstückgewicht 2···10 kg.*

	Fräserart			
Spannmittel	ein-facher Fräser	Messer-kopf	Satzfräser	
			zwei-teilig	mehr-teilig
Spanneisen Schraubstock ....} Einfache Vorrichtung, Winkel	23	25	27	30
Teilkopf ohne Gegenspitze	25	27	29	32
Teilkopf mit Gegenspitze	27	29	31	34

Tabelle 27. *Rüstgrundzeiten* t_{rg} *(Minuten) für Fräsmaschinengruppe 5 kW, Werkstückgewicht 2···10 kg.*

	Fräserart			
Spannmittel	ein-facher Fräser	Messer-kopf	Satzfräser	
			zwei-teilig	mehr-teilig
Spanneisen Schraubstock ....}	25	27	29	32
Einfache Vorrichtung, Winkel	26	28	30	33
Teilkopf ohne Gegenspitze	27	29	31	34
Teilkopf mit Gegenspitze	30	32	34	37

Tabelle 28. *Spannzeiten für Werkstücke von 2···10 kg Gewicht.*

	Art des Ausrichtens		
Spannmittel	nach Augen-maß	nach Winkel	nach Anriß
Spanneisen	1,0	2,0	2,5
Schraubstock	0,8	1,6	2,0
Einfache Vorrichtung	0,6	—	—
Winkel	1,2	2,5	3,2
Teilkopf in Futter o. zw. Spitzen .	0,6	1,2	1,6
Teilkopf auf Dorn	2,5	3,2	4,0

Beispiel. Walzenfräsen der Auflageflächen von je 4 Leisten aus St 60.11 (vgl. 1. Beispiel S. 44). Fräsmaschine: Waagerecht-Fräsmaschine 2,5 kW.
Werkzeug: HS-Walzenfräser 80 mm Durchmesser auf Dorn mit Gegenlager.
Spannen im Schraubstock nach Augenmaß.

1. **Rüstzeit** t_r:
Rüstgrundzeit (aus Tabelle 26)
für alle Längen gleichbleibend $t_{rg} = 23$ min
Rüstverteilzeit $t_{rv} = 15\%$ von t_{rg} $\qquad\qquad t_r = 1{,}15 \cdot 23 = 26{,}5$ min

2. **Zeit je Einheit (Stückzeit)** t_e:

$Hauptzeit\ t_h = \dfrac{L}{s'} \cdot i$

Fertiglängen l	= 80	120	200 mm
Werkstoffzugaben l_z	= 6	6	6
An- und Überlauf $l_a + l_u$	= 18	18	18
für $D = 80$ mm, $a = 3$ mm (aus Tabelle 20)			
Fräslänge L	= 104	144	224 mm

Vorschubgeschwindigkeit
(aus Tabelle 2) $s' = 90\ \text{mm/min}$
Zahl der Schnitte $i = 1$

Hauptzeit t_h	$= 104/90$	$144/90$	$224/90$
	$= 1{,}17$	$1{,}59$	$2{,}50\ \text{min}$
Nebenzeit t_n			
Tischverstellung (aus Tabelle 23) längs, Eilgang	$0{,}13$	$0{,}16$	$0{,}2$
Spannen (aus Tabelle 24)	$1{,}0$	$1{,}0$	$1{,}0$
Anstellen und Messen (aus Tabelle 25)	$0{,}32$	$0{,}32$	$0{,}32$
Nebenzeit t_n	$= 1{,}45$	$1{,}48$	$1{,}52\ \text{min}$
Grundzeit $t_g = t_h + t_n =$	$= 2{,}62$	$3{,}07$	$4{,}02$
Verteilzeit $t_v = 10\%$ von t_g			
Zeit je Einheit $t_e = 1{,}1 \cdot t_g$	$= 2{,}88$	$3{,}38$	$4{,}42\ \text{min.}$

Diese Zahlen werden über der Fräslänge (Fertiglänge l) aufgetragen. Es ist dann möglich, alle Zwischenwerte zwischen 80 und 200 mm ohne Rechnung zu bestimmen (Abb. 91). In geeigneten Fällen kann außerdem in gleicher Weise die Gesamtzeit aufgetragen und ermittelt werden. Man muß aber beachten, daß in der Gesamtzeit stets die Rüstzeit als eine von der Stückzahl unabhängige Größe enthalten ist. Man kann daher wohl die Stückzeit von einer Stückzahl auf eine andere umrechnen, nicht aber die Gesamtzeit. Weiter muß bei dieser Rechnungsweise die durch Änderung

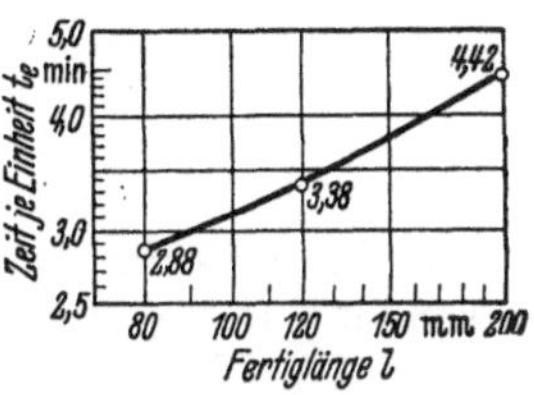

Abb. 91. Bestimmung der Fräszeit für einander ähnliche Arbeitsfälle. Aus der Kurve können alle Zwischenwerte des gezeichneten Bereiches entnommen werden.

der Länge bedingte Änderung anderer Größen, beispielsweise die Änderung des Gewichtes, berücksichtigt werden.

D. Sonderfälle der Zeitberechnung.

In Sonderfällen, beispielsweise beim Gewinde- und Zahnradfräsen, ändert sich der Rechnungsgang zwar nicht grundsätzlich, es ist aber in der Regel zweckmäßig und möglich, die Rechnung durch Aufstellen von Sonderrechentafeln abzukürzen.

29. Zeiten beim Kurzgewindefräsen. Beim Fräsen von Kurzgewinden (vgl. Abb. 44, S. 18) wird das Gewinde nach Zustellung des Fräsers während einer Werkstückumdrehung und meist in einem Schnitt fertig gestellt. Der An- und Überlaufweg beträgt etwa $^1/_6$ Umdrehung. Die Fräslänge L_u (mm) wird demnach $L_u = 1^1/_6\, d\, \pi = 3{,}7\, d$.

Bei Berechnung von $t_h = L_u/s'_u$ werden dann eingesetzt:
d (mm) Werkstückaußendurchmesser. (Der Einfachheit halber wird nicht, wie theoretisch richtiger, mit dem Flankendurchmesser des Gewindes gerechnet.)
s'_u (mm/min) Umfangsgeschwindigkeit des Werkstückes (Vorschubgeschwindigkeit).

Die Neben- und Rüstzeiten sind je nach Bauart der Gewindefräsmaschine verschieden und werden für jede Maschine durch Zeitaufnahmen bestimmt (Tabelle 29).

Beispiel (vgl. Abb. 48, S. 20). Fräsen von Gewinde M $40 \times 1{,}5$, 30 mm breit, an Bolzen aus 42 CrMo 4, 110 kg/mm² Zugfestigkeit.
1. Rüstzeit $t_r = 45$ min (Tabelle 29).
2. Zeit je Einheit (Stückzeit) t_e:
   Hauptzeit $t_h = L_u/s'_u = 148/25 = 5{,}9$ min, da
      Fräslänge $L_u = 3{,}7\, d = 148$ mm,
      Vorschubgeschwindigkeit $s'_u = 25$ mm/min (aus Tabelle 5a, S. 19),
   Nebenzeit $t_n = 0{,}9$ min (aus Tabelle 29),
   Grundzeit $t_g = t_h + t_n = 6{,}8$ min,
   Verteilzeit $t_v = 15\%$ von t_g $t_e = 1{,}15 \cdot 6{,}8 = 7{,}82$ min.

Unter Annahme bestimmter Vorschubgeschwindigkeiten kann man auch für die Berechnung der Hauptzeit vereinfachte Tabellen aufstellen (Tabelle 30).

Auftragszeit T für 100 Stück: $T = 45 + 100 \cdot 7{,}82 = 827$ min,

Rüstzeitanteil $t_r/T = 45/827 = 5{,}4\%$.

Tabelle 29. *Rüst- und Nebenzeiten beim Kurzgewindefräsen* (gültig für eine bestimmte Fräsmaschine).

Rüstzeit t_r je nach Spannart ..... 40···50 min

Nebenzeit t_n

Spannmittel	Nebenzeit
Dreibackenfutter	0,9 min
Spannpatrone oder Aufnahmedorn	1,1 min
Einfache Vorrichtung	1,2 min

Tabelle 30. *Richtwerte für die Berechnung der Hauptzeit beim Kurzgewindefräsen* (für St 60.11 und Bolzendurchmesser d in mm) [52].

Gewinde-steigung mm	Ober-flächen-güte	Fräszeit (min) für 1 Gewinde	
		bis 30 mm breit	bis 60 mm breit
1···2	üblich	$d/25$	$d/20$
	erhöht	$d/15$	$d/10$
2···4	üblich	$d/20$	$d/15$
	erhöht	$d/10$	$d/8$

30. Zeiten beim Langgewindefräsen (Abb. 49, S. 20). Die Hauptzeit t_h wird berechnet aus $t_h = d\,\pi/s' \cdot L\,z/h = d\,\pi/s'_u \cdot L/T$.

Hierin:

d (mm) Gewindedurchmesser,

s'_u (mm/min) Umfangsgeschwindigkeit des Werkstückes (Vorschubgeschwindigkeit),

L (mm) Länge des zu fräsenden Gewindes (einschließlich Anschnittzugabe),

z Gangzahl des Gewindes (ein- oder mehrgängig),

h (mm) Gewindesteigung.

$T = h/z$ (mm) Gewindeteilung.

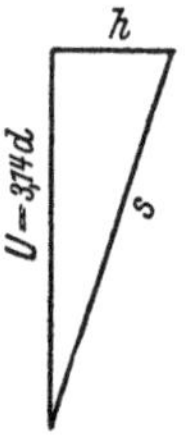

Bei großen Steigungen ist nicht der Umfang des Gewindes $U = d\,\pi$, sondern die Länge der Schraubenlinie $s = \sqrt{d^2\,\pi^2 + h^2}$ (Abb. 92) in Rechnung zu setzen. Unter Annahme bestimmter Arbeitsbedingungen läßt sich die angegebene Gleichung weiter vereinfachen und es können Rechentabellen [52] aufgestellt werden (Tabelle 31). Die Neben- und Rüstzeiten sind wie beim Kurzgewindefräsen vom Maschinentyp abhängig und werden besonders ermittelt.

Abb. 92. Länge s der Schraubenlinie ist bei größeren Steigungen an Stelle des Umfanges U in Rechnung zu setzen als Fräslänge je Umdrehung.

Tabelle 31. *Richtwerte für die Berechnung der Hauptzeit beim Langgewindefräsen von Außengewinden* (für St 60.11, Werkstückdurchmesser d, Gewindelänge L und Gewindeteilung T).

Werkstück und Arbeitsgang	Hauptzeit min für	
Gewindespindeln	T bis 10 mm	T bis 20
Schruppen	$L/T \cdot d/40$	$L/T \cdot d/25$
Schlichten	$L/T \cdot d/13$	$L/T \cdot d/13$
Fertigfräsen in einem Schnitt	$L/T \cdot d/10$	$L/T \cdot d/8$
Schnecken	T bis 20	T bis 35
Schruppen	$L/T \cdot d/25$	$L/T \cdot d/16$
Schlichten	$L/T \cdot d/13$	$L/T \cdot d/13$
Fertigfräsen in einem Schnitt	$L/T \cdot d/8$	$L/T \cdot d/6$
Große Schnecken	T über 35	
Vorschruppen mit zwei Schnitten	$L/T \cdot d/20$	
Schruppen in einem Schnitt	$L/T \cdot d/6$	
Schlichten	$L/T \cdot d/10$	

1. Beispiel (Außengewinde). Gewindespindel (vgl. Abb. 49, S. 20) aus St 60.11, Trapezgewinde 35×6, 500 mm lang, fräsen.

Die Hauptzeit ergibt sich bei einer Vorschubgeschwindigkeit $s'_u = 30$ mm/min (aus Tabelle 6, S. 21), $d = 35$ mm, $d\pi = 110$ mm, $L = 520$ mm (hiervon 20 mm für An- und Überlauf), $z = 1$, $h = 6$ mm zu $t_h = \dfrac{110}{30} \cdot \dfrac{520 \cdot 1}{6} = 318$ min.

Tabelle 31 ergibt: $t_h = \dfrac{520}{6} \cdot \dfrac{35}{10} = 303$ min.

2. Beispiel (Innengewinde). Rohr (vgl. Abb. 50) aus St 60.11, Trapezgewinde 60×5, 60 mm lang vorfräsen.

Die Hauptzeit wird bei $d = 60$ mm, $d\pi = 188$ mm, $s'_u = 70$ mm/min, $L = 90$ mm, $z = 1$, $h = 5$ mm, $t_h = \dfrac{188}{70} \cdot \dfrac{90 \cdot 1}{5} = 48$ min.

31. Zeiten beim Zahnradfräsen. a) Fräsen nach dem Teilverfahren (vgl. Abb. 52, S. 22). Beim Fräsen von Zahnrädern mit Formfräsern (nach dem Teilverfahren) wird die Fräszeit in üblicher Weise berechnet.

Beispiel. Vorfräsen von Zahnrädern aus 42 CrMo 4 mit 36 Zähnen, 25 mm breit, Modul 5.

Außer der Fräszeit für 1 Zahnrad sei hier auch die Zeit für das gleichzeitige Fräsen von 4 Zahnrädern (auf einem Dorn) berechnet.

Rüstzeit (aus Tabelle 27, Maschine 5 kW, Teilkopf mit Gegenspitze)

$t_r = 30 + 12\%$ (Rüstverteilzeit) $= 33{,}6$ min ≈ 34 min.

Hauptzeit $t_h = L\, i/s'$

	1 Stück	4 Stück
Fertiglänge l	$= 25$	100 mm
Werkstoffzugabe l_z	$= 2$	8 mm
An- und Überlauf $(l_a + l_u)$ für $D = 90$ mm (Abb. 87, S. 41) $\quad a = 10{,}8$ mm	32	32 mm
Fräslänge L	$= 59$	140 mm
Vorschubgeschwindigkeit s' (Tabelle 8, S. 24)	$= 20$	20 mm/min
Zahl der Schnitte $i = 36$ (= Zähnezahl)		
Hauptzeit t_h	$= \dfrac{59 \cdot 36}{20} =$ 106 min	$\dfrac{140 \cdot 36}{20} =$ 252 min
Nebenzeit t_n		
Tisch verstellen, längs, von Hand (aus Tabelle 23, S. 42) einschließlich Teilen	$36 \cdot 0{,}32$ $= 11{,}5$ min	$36 \cdot 0{,}5$ $= 18$ min
Spannen auf Dorn (aus Tabelle 24)	$2{,}5$	4 min
Anstellen und Messen (aus Tabelle 25) nach Skala, Toleranz 100 μ	$0{,}4$	$0{,}4$ min
Nebenzeit t_n	$= 14{,}4 \approx 15$ min	$22{,}4 \approx 22$ min
Grundzeit t_g	$= 121$	274 min
Verteilzeit t_v (12%)	$= 20{,}9$	$39{,}3$ min
Zeit je Einheit t_e	$= 142$	313 min

Auftragszeit T für 4 Stück, wenn jedes Rad einzeln gefräst wird, $T = 34 + 4 \cdot 142 = 602$ min; wenn die Räder gleichzeitig gefräst werden, $T = 34 + 313 = 347$ min.

b) Fräsen nach dem Wälzverfahren. Beim Wälzfräsen von Zahnrädern (Abb. 93) gilt für die Berechnung der Hauptzeit [53]

$$t_h = \frac{L \cdot z}{s_l \cdot n \cdot g}.$$

Hierin bedeutet:

L (mm) Fräslänge, $L = B + A$,
B (mm) Breite des Zahnrades,
A (mm) Anschnittlänge,
z Zähnezahl des Zahnrades,

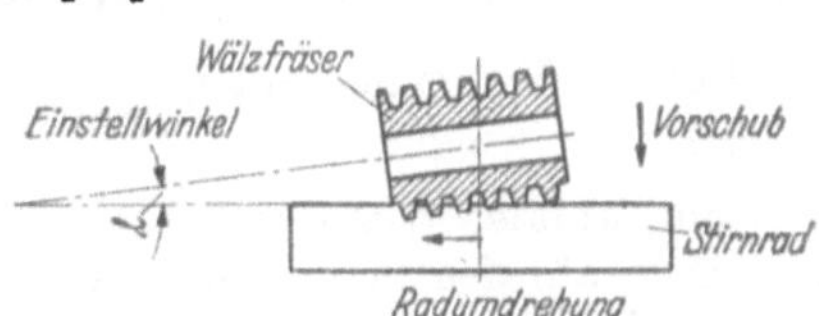

Abb. 93. Beispiel: Wälzfräsen von Zahnrädern. z Fräserumdrehungen entsprechen einer Radumdrehung (Werkstückumdrehung WU).

s_l (mm/WU) Längsvorschub je Radumdrehung (Werkstückumdrehung),
n (U/min) Drehzahl des Fräsers,
g Gangzahl des Fräsers.

1. Beispiel. Fräsen von Zahnrädern Modul 5 aus 42 CrMo 4 (wie oben):
$B = 25$ mm, $n = 65$ U/min,
$A = 34$ mm, $v = 19{,}4$ m/min (für Fräserdurchmesser 95 mm),
  $z = 36$
$s_l = 1{,}0$ mm/WU (aus Tabelle 8, S. 24),
  $g = 1$.

Die Hauptzeit für das Fräsen von einem Zahnrad und für das gleichzeitige Fräsen von vier Zahnrädern ergibt sich zu

$$t_h = \quad \begin{array}{c} \mathbf{1\ Stück} \\ \dfrac{59\cdot 36}{1{,}0\cdot 65\cdot 1} \\ = \ 33\ \text{min} \end{array} \qquad \begin{array}{c} \mathbf{4\ Stück} \\ \dfrac{134\cdot 36}{1{,}0\cdot 65\cdot 1} \\ = \ 74\ \text{min}\ (= 18{.}5\ \text{min je Stück}). \end{array}$$

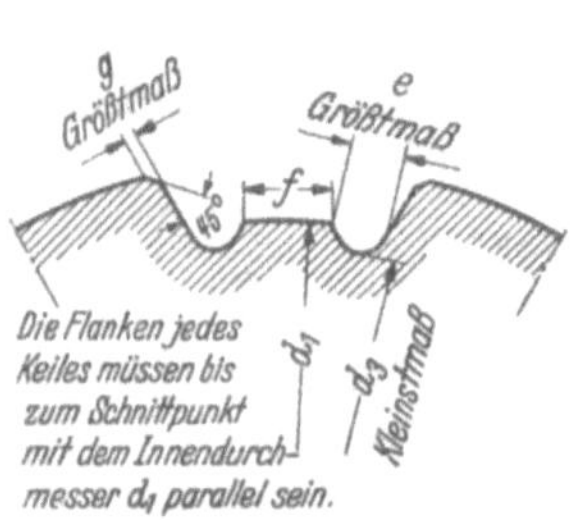

Abb. 94. Beispiel: Wälzfräsen einer Keilwelle.

2. Beispiel. Keilwelle $32\times 36\times 6$ mm (Abb. 94) DIN 5462 aus 42 CrMo 4, 8 Keile 250 mm lang mit zwei Schnitten fertig fräsen.

$$\text{Hauptzeit } t_h = 2\,\frac{L\,z}{s_l\,n\,g}$$

$L = 270$ mm,
  $z = 8$,
$s_l = 0{,}9$ mm/WU,
$n = 80$ U/min (für Fräserdurchmesser 60 mm und Schnittgeschwindigkeit 15 m/min),
  $g = 1$.

$$\text{Es ergibt sich } t_h = 2\cdot\frac{270\cdot 8}{0{,}9\cdot 80\cdot 1} = 60\ \text{min}.$$

32. Zeiten beim Schneckenrad-Wälzfräsen. **a)** Radialverfahren (vgl. Abb. 65, S. 26).

Für die Hauptzeit gilt die Gleichung $t_h = \dfrac{f\,z}{s_r\,n\,g}$.

Hierin:
f (mm) Fräslänge $f = 0{,}7\cdot t + x$,
t (mm) Axialteilung der Schnecke,
x (mm) Anlaufweg, s_r (mm/WU) radialer Vorschub je Radumdrehung.

Beispiel. Schneckenrad aus Grauguß $z = 110$, $t = 22$ mm, $x = 3$ mm, $f = 15{,}2 + 3 = 18{,}2$ mm, $s_r = 0{,}2$ mm/WU, $n = 50$ U/min (für Fräserdurchmesser 95 mm und Schnittgeschwindigkeit 15 m/min), $g = 1$.

$$\text{Es wird } t_h = \frac{18{,}2\cdot 110}{0{,}2\cdot 50\cdot 1} = 200\ \text{min}.$$

b) Axialverfahren. Beim Axialverfahren (auch Tangentialverfahren genannt) läßt sich der axiale Weg w des Fräsers während des Arbeitsganges am einfachsten aus der Zeichnung (vgl. Abb. 66, S. 26) bestimmen. Die Arbeitsbedingungen sind im allgemeinen so ungleichmäßig, daß Richtwerte schwer aufzustellen sind. Die Größenordnung der einzelnen Werte geht aus dem folgenden Beispiel hervor.

Für die Hauptzeit gilt $t_h = \dfrac{w\,z}{s_a\,n\,g}$.

Hierin:
w (mm) axialer Weg des Fräsers,
z Zähnezahl des Schneckenrades,
s_a (mm/WU) axialer Vorschub des Fräsers je Radumdrehung,
n (U/min) Drehzahl des Fräsers,
g Gangzahl des Fräsers.

Beispiel. Schneckenrad aus Chrom-Molybdän-Stahl (42 CrMo 4), $z = 24$, Teilung 12,4 mm, zweigängiger Fräser, $s_a = 0,4$ mm, $w = 65$ mm, $n = 138$ U/min (Fräserdurchmesser 58 mm und Schnittgeschwindigkeit 25 m/min).

Die Rechnung ergibt $t_h = \dfrac{65 \cdot 24}{0,4 \cdot 138 \cdot 2} = 14$ min.

Bei gleichzeitigem radialem und axialem Vorschub sind beide Gleichungen für die Fräszeit nacheinander anzuwenden [53].

IV. Maßnahmen zur Verkürzung der Fräszeit.

Um wirtschaftlich fräsen zu können, soll man sich laufend um geeignete Maßnahmen zur Verkürzung der Fräszeit bemühen. In vielen Fällen lassen sich die Einzelzeiten herabsetzen oder zusammenlegen.

A. Verkürzung der Einzelzeiten.

33. Rüstzeit. Wie die verschiedenen Rechnungsbeispiele gezeigt haben, ist der Anteil der Rüstzeit an der Gesamtfräszeit beachtlich, wenn es sich um Einzelfertigung oder kleine Reihenfertigung handelt. Es sollte daher wenigstens in diesen Fällen auf die Herabsetzung der Rüstzeit hingearbeitet werden. Von den in Tabelle 22 (S. 42) angeführten vier Arbeitsgruppen geben die ersten beiden, nämlich Heranschaffen und Abliefern der Arbeit und Werkzeuge sowie Auf- und Abrüsten der Maschine, den Ausschlag. Durch griffbereite Anordnung der Werkzeuge am Arbeitsplatz und in den Werkzeugausgaben, sowie durch übersichtliches Bereitstellen der Werkstücke und Vorrichtungen gelingt es in den meisten Fällen, die für die Rüstgrundzeit angegebenen Richtwerte zu unterschreiten. In ähnlicher Weise ist auch die Herabsetzung der Rüstverteilzeiten möglich.

34. Zeit je Einheit (Stückzeit). **a)** Die **Hauptzeit (Maschinenzeit)** wird durch die Wahl der Arbeitsgeschwindigkeiten in ziemlich engen Grenzen festgelegt. Ihre Verkürzung ist somit in erster Linie eine Werkzeug- und Maschinenfrage. Um die Vorschubgeschwindigkeit zu steigern und damit die Hauptzeit zu verkürzen, verwende man bei erhöhten Drehzahlen hochwertige Schneidstoffe, beispielsweise für zähharte Baustähle und andere schwer bearbeitbare Werkstoffe Hochleistungsschnellstahl an Stelle des üblichen Schnellstahles, für harte und stark schmirgelnde Werkstoffe Hartmetall an Stelle von Hochleistungsschnellstahl. Das gleiche gilt für die Bauart der Fräser. Beispielsweise arbeitet man zweckmäßig mit kreuzverzahnten Hochleistungsfräsern anstatt mit normalen geradzahnigen Scheiben- oder Nutenfräsern, mit Hochleistungsmesserköpfen anstatt mit einfachen Messerköpfen. Auch durch kräftige Abstützung und Verstärkung des Fräserdornes und in geeigneten Fällen durch Anwendung des Gleichlauffräsverfahrens läßt sich die Schnittleistung steigern.

b) Die **Verkürzung der Nebenzeit** (vor allem der Handzeiten) ist fast in jedem Falle mög-

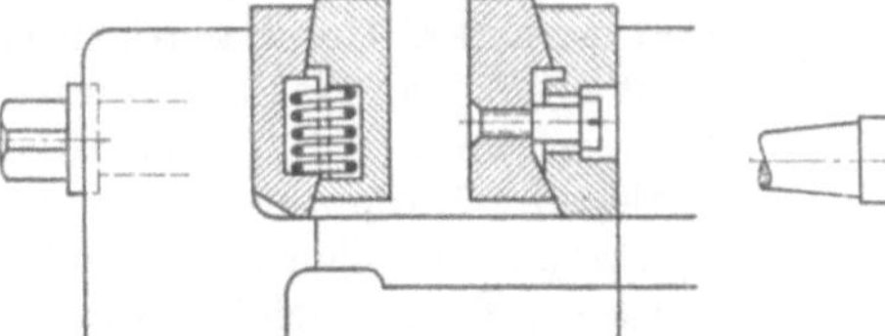

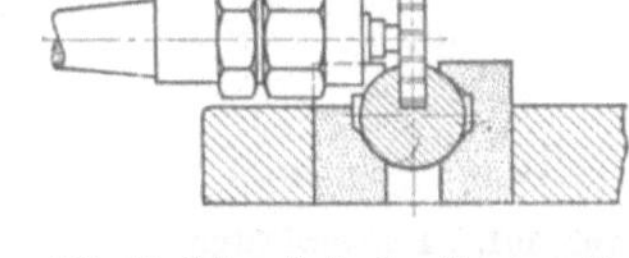

Abb. 95. Schraubstock mit Niederzug-Spannbacken (LOEWE). Das Werkstück wird beim Spannen zwangläufig nach unten gedrückt.

Abb. 96. Schraubstock mit prismatischen Spannbacken erleichtert das Spannen runder Teile (LOEWE).

lich. Es können hierbei verschiedene Wege eingeschlagen werden.

Die zweckmäßige Wahl der Spannart ist besonders wichtig; denn sie ist nicht nur für die Spannzeit, sondern auch oft für die zum Anstellen und Messen erforderliche Zeit ausschlaggebend. Je nach Anzahl und Größe wird man die Frästeile einzeln einspannen und bearbeiten oder in Vorrichtungen arbeiten. Im ersten Falle werden meist übliche Spannvorrichtungen (beispielsweise Schraubstöcke) benutzt. Auch bei diesen läßt sich durch Anpassung der Spannbacken an die Form des Arbeitsstückes Zeit sparen. Beispiele sind in Abb. 95 u. 96 wiedergegeben.

Desgleichen verkürzt sich die Hauptzeit, wenn es gelingt, die Fräslänge je Stück durch Änderung der Werkstückanordnung zu verkürzen (Abb. 97). Als Beispiel sei

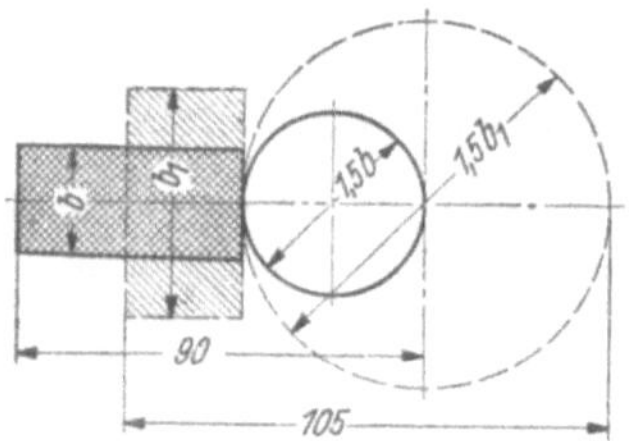

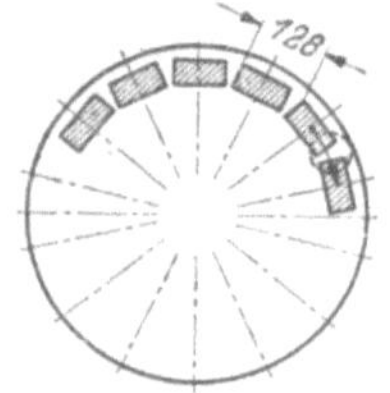

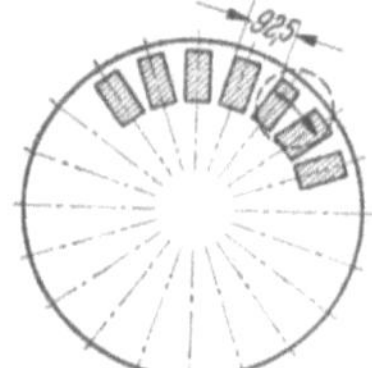

Abb. 97. Einfluß der Werkstücklage auf die Fräslänge beim Stirnfräsen.

Abb. 98. Tangentiale Werkstückanordnung auf einem Rundtisch von 600 mm Durchmesser (14 Werkstücke, Fräszeit je Stück 0,91 min).

Abb. 99. Radiale Werkstückanordnung auf einem Rundtisch von 600 mm Durchmesser (20 Werkstücke, Fräszeit je Stück 0,81 min).

das Stirnfräsen von Werkstücken auf einem Rundtisch gebracht. Werden die Werkstücke im Umfang angeordnet (Abb. 98), so beträgt der Abstand der Stücke untereinander 128 mm. Es können dann 14 Werkstücke aufgespannt werden. Die Fräszeit beträgt je Stück 0,91 min. Bei radialer Anordnung (Abb. 99) können 20 Werkstücke gespannt werden. Der Abstand verkürzt sich auf 92,5 mm, die Fräszeit je Stück auf 0,81 min. Durch Vergrößerung des Rundtischdurchmessers auf 800 mm (Abb. 100) wird das Spannen von 30 Werkstücken ermöglicht und damit der Abstand weiter auf 82,7 mm, die Fräszeit auf 0,73 min verkürzt.

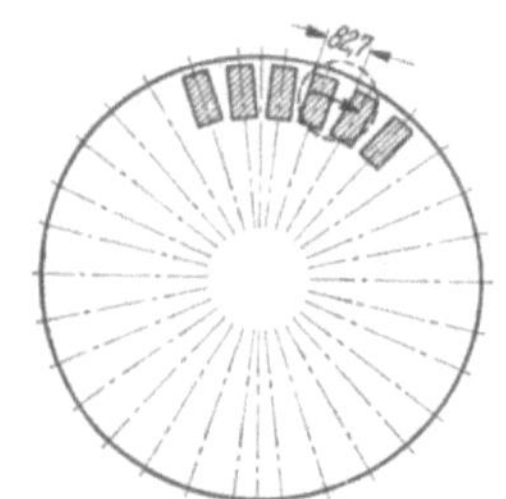

Abb. 100. Radiale Werkstückanordnung auf einem Rundtisch von 800 mm Durchmesser (30 Werkstücke, Fräszeit je Stück 0,73 min).

Für große Stückzahlen sind Sonderfräsvorrichtungen [54 bis 58] vorteilhaft. Bei ihrem Entwurf sind verschiedene Punkte zu beachten. So u. a.:

Spannen des Werkstückes: Das Werkstück soll leicht, schnell und gefahrlos (auch bei umlaufendem Fräswerkzeug!) eingespannt, ausgerichtet, gemessen und ausgespannt werden können; kleinere Werkstücke möglichst in größerer Zahl neben oder hintereinander. Formänderungen oder Verschiebung durch den Schnittdruck sind durch kräftige Bauart zu verhindern. Die Schnittkraft muß gegen das Spannmittel gerichtet sein. Daher Fräsverfahren (z. B. Gegenlauf oder Gleichlauf!) vorher festlegen. Maßunterschiede zwischen den einzelnen Werkstücken sollen sich ausgleichen können (beispielsweise durch Ausgleichhebel).

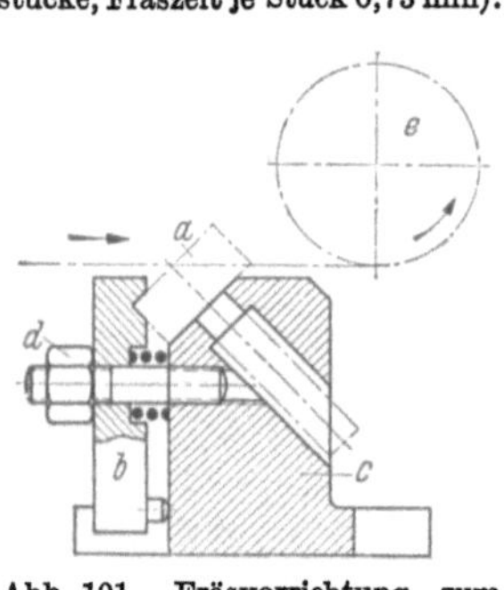

Abb. 101. Fräsvorrichtung zum Schlitzen von Bolzen. Der Schnittdruck wird vom Körper der Vorrichtung aufgenommen. *a* zu fräsender Bolzen, *b* Spannstück, *c* Körper, *d* Spannschraube, *e* Fräser.

Aufbringen der Vorrichtung. Schnelle Befestigung und gutes Ausrichten sind zu ermöglichen; desgleichen müheloses Auswechseln und Beobachten der Werkzeuge.

Betriebssicherheit der Vorrichtung. Die Vorrichtung soll standfest und gegen vorübergehende rauhe Behandlung unempfindlich sein. Gute Kühlmittelzufuhr und störungsfreie Span- und Kühlmittelabfuhr sind vorzusehen, schnell verschleißende Teile gut auswechselbar anzuordnen. Beispiele von Fräsvorrichtungen zeigen die Abb. 101 u. 102.

Auch für die Tischverstellung braucht man auf neuzeitlichen Fräsmaschinen weniger Zeit. Die Tischspindel wird beispielsweise an Stelle von Hand maschinell,

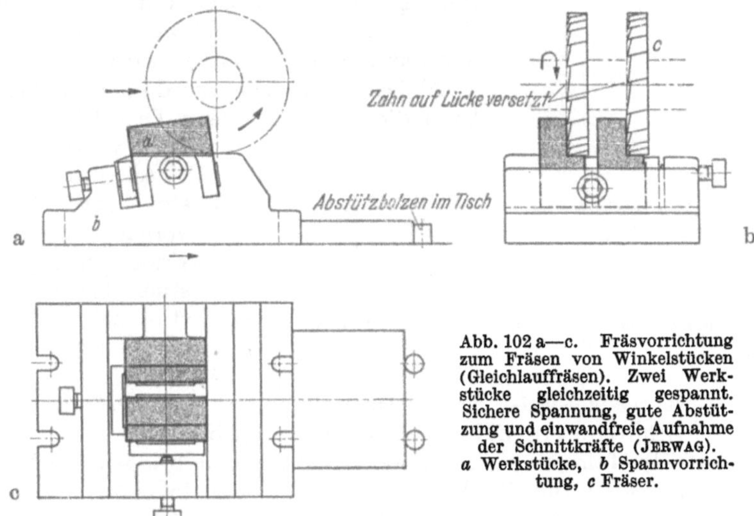

Abb. 102 a—c. Fräsvorrichtung zum Fräsen von Winkelstücken (Gleichlauffräsen). Zwei Werkstücke gleichzeitig gespannt. Sichere Spannung, gute Abstützung und einwandfreie Aufnahme der Schnittkräfte (JERWAG). *a* Werkstücke, *b* Spannvorrichtung, *c* Fräser.

und zwar mit Eilgang (bis zu 3000 mm/min) bewegt. Zwischenräume zwischen mehreren hintereinander eingespannten Werkstücken lassen sich durch Sprungschaltung automatisch überbrücken.

Durch Verwendung genormter Fräser-Spannzeuge [*59, 60*] kann der Ablauf jedes Fräsvorganges verbessert und weiter beschleunigt werden.

B. Zusammenlegen der Einzelzeiten.

Die Fräszeit wird merklich abgekürzt, wenn Einzelheiten, beispielsweise Haupt- und Nebenzeit, in den gleichen Zeitraum fallen. Das wird ermöglicht durch Verwendung entsprechender Vorrichtungen, durch besondere Fräsverfahren [*61*] oder durch Mehrmaschinenbedienung.

35. Vorrichtungen für ununterbrochenes Fräsen. a) Schwenkvorrichtungen (Abb. 103) gestatten es, während der Hauptzeit (Maschinenlaufzeit) zu spannen. Während der Fräser das zweite Werkstück bearbeitet, kann das fertiggefräste Werkstück ausgespannt und ein neues unbearbeitetes eingespannt werden.

b) Der Rundtisch [*62, 63*] hat sich aus der Schwenkvorrichtung entwickelt und ist besonders für kleinere Werkstücke vorteilhaft, die während des Fräsvorganges ununterbrochen ausgewechselt werden können.

Abb. 103.   Schwenkvorrichtung (Drehtisch) (JERWAG).

36. Pendel- und Tauchfräsen. a) Bei dem sogenannten Pendelfräsen [*64, 65*] werden zwei Werkstücke oder Werkstückgruppen auf dem Maschinentisch rechts und links von der Frässpindel aufgespannt. Während beim Stirnfräsen in üblicher Weise mit einem Fräser oder Messerkopf gearbeitet wird, sind beim Formfräsen zwei Fräsersätze mit entgegengesetzter

Schnittrichtung erforderlich (Abb. 104). In der Zeit, in der das eine Fräswerkzeug das Werkstück bearbeitet, wird das zweite Werkstück gespannt. Nach Fertigstellung eines Werkstückes ändert sich die Drehrichtung der Frässpindel, der Tisch läuft zurück und das zweite Werkstück wird gefräst.

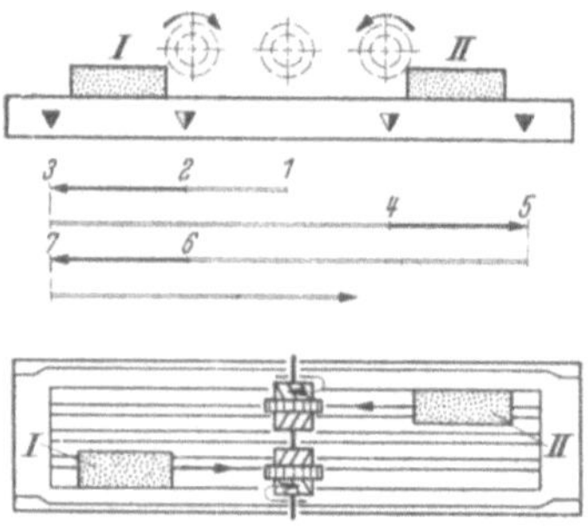

b) Durch ähnliche Anordnung der Werkstücke kann die Nebenzeit beim Tauchfräsen gleichfalls verkürzt werden. Unter Tauchfräsen versteht man einen Frässvorgang, bei dem der Fräser in das Arbeitsstück bis zu einer bestimmten Tiefe von oben oder von der Seite her eingetaucht wird.

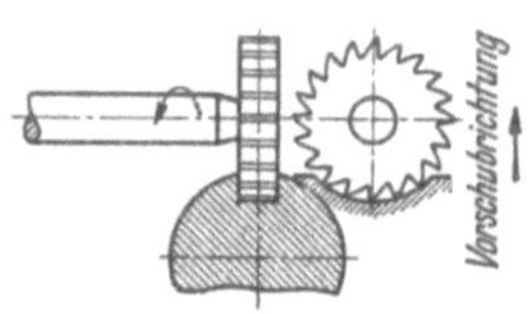

Abb. 104. Pendelfräsen von Formteilen (mit Satzfräsern) (LOEWE).

Abb. 105. Tauchfräsen von Nuten für Scheibenfedern.

Diese Fräsart ist beispielsweise bei der Herstellung der Scheibenfedernuten nach DIN 6888 mit Schlitzfräsern DIN 850 anzuwenden (Abb. 105).

37. Sonderfräsverfahren. Andere Sonderfräsverfahren bringen erhebliche Ersparnisse an Fräszeit ein, zum Teil läuft der Fräsvorgang halb- oder vollautomatisch ab. Hierfür sind Sonderfräsmaschinen oder Sonderfräseinrichtungen erforderlich, beispielsweise zum Fräsen von Keilnuten (vgl. S. 15), zum Gewindefräsen (vgl. S. 18), zum Nachformfräsen (vgl. S. 13).

38. Mehrmaschinenbedienung. Ist es nicht möglich, die Fräszeit an einer Maschine durch die geschilderten Maßnahmen zu verkürzen, so bleibt der Weg der Mehrmaschinenbedienung offen. Die verschiedenen Fräsarbeiten sind hierbei so auf zwei oder mehrere Maschinen zu verteilen, daß sich die Hauptzeit der einen Maschine der Nebenzeit der anderen

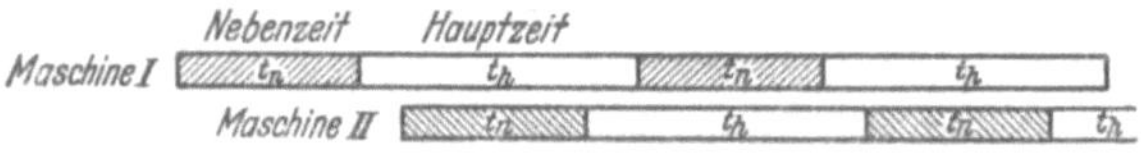

Abb. 106. Verteilung der Zeiten bei Mehrmaschinenbedienung. Die Nebenzeiten der Maschine I fallen mit den Hauptzeiten der Maschine II zusammen und umgekehrt.

Maschine überlagert. Hierbei ist vorausgesetzt, daß größere Fräswege vorhanden sind, die sich aber oft beispielsweise durch Hintereinanderspannen mehrerer Werkstücke erreichen lassen. Allgemeine Richtlinien lassen sich schwer aufstellen, die Möglichkeiten sind vielmehr von Fall zu Fall zu prüfen. Ein Schema ist in Abb. 106 gebracht.

39. Zeitersparnis durch Änderung des Fräsverfahrens. Als Beispiel für die Zeitersparnis, die durch Änderung des Fräsverfahrens erreicht werden kann, seien die Zeiten für einen einfachen Fräsvorgang, nämlich für das Fräsen einer Fläche mit Walzenfräser von 80 mm Durchmesser bei einer Fräsbreite von 100 mm, einer Schnittiefe von 3 mm, einer Schnittgeschwindigkeit von 18 m/min und einer Vor-

Tabelle 32. *Zeitersparnis beim Walzenfräsen durch Änderung der Spannart.*

Spannart und Spannmittel	Fräszeit min je Stück	Verhältnis zur ersten Spannart in %
1. 1 Stück in einem Schraubstock auf Tisch	1,52	100
2. 2 Stücke in zwei hintereinander angeordneten Schraubstöcken	1,36	90
3. 2 Stücke in zwei Schraubstöcken auf Schwenkvorrichtung	1,00	66
4. 2 Stücke in zwei Schraubstöcken auf Pendelfräsmaschine	0,92	60
5. 10 Stück hintereinander in Reihenfräsvorrichtung	0,84	56

schubgeschwindigkeit von 71 mm/min gegenübergestellt. Wie aus Tabelle 32 hervorgeht, kann durch Änderung der Spannart eine Ersparnis bis zu 40% und mehr erreicht werden.

V. Gesichtspunkte für die Auswahl der Betriebsmittel.

Bei der Auswahl der Betriebsmittel ist vor allem zu entscheiden, welche Maschine, welches Werkzeug und welches Kühlmittel sich am besten für die vorliegenden Fräsarbeiten eignen.

A. Fräsmaschinen.

Der Fräsmaschinenbau hat in den letzten Jahren beachtliche Fortschritte gemacht und neue, leistungsstarke Typen hoher Genauigkeit entwickelt [66 bis 70]. Wichtige betriebliche Forderungen wurden erfüllt, nämlich erhöhte Mengenleistung durch Nutzung der verbesserten Schneidenleistung, höhere Arbeitsgenauigkeit durch steifen Maschinenaufbau, bessere Wirtschaftlichkeit durch verringerte Nebenzeiten und zwangläufige Steuerung des Arbeitsablaufes [71, 72], erhöhte Betriebssicherheit auch bei anstrengendem Dauerbetrieb, unter der Voraussetzung planmäßiger Instandhaltung [73]. Die laufenden Berichte der Fachzeitschriften [74] und die Druckschriften der Herstellerfirmen [75] geben ein anschauliches Bild dieser Entwicklung. Im Rahmen dieses Heftes können nur einige grundsätzliche Betrachtungen gebracht werden.

40. Bauarten. Die Fräsmaschinenbauarten unterscheiden sich hinsichtlich Aufbau, Größe und Einsatzmöglichkeit.

a) Aufbau. Bei den *Konsolfräsmaschinen* ist der Frästisch auf einem in der Höhe verstellbaren Konsol (Knie- oder Winkeltisch) gelagert. Zu ihnen gehören die in Abb. 107 bis 109 schematisch dargestellten *Waagerecht*-(Horizontal)-Fräsmaschinen in *Einfach*- und *Universal*-Ausführung und die *Senkrecht*-(Vertikal)-Fräsmaschinen. Der Tisch dieser drei Maschinentypen kann meist in drei Richtungen (längs, quer und senkrecht) verstellt werden, der Tisch der Universalmaschine ist zusätzlich waagerecht um die Mittelachse schwenkbar.

Demgegenüber haben die *Bettfräsmaschinen* einen auf einem festen Bett gleitenden, nur längs verstellbaren Tisch. Für die Senkrecht- und Querverstellung stehen bewegliche Frässpindelstöcke zur Verfügung. Zu den Bettfräsmaschinen

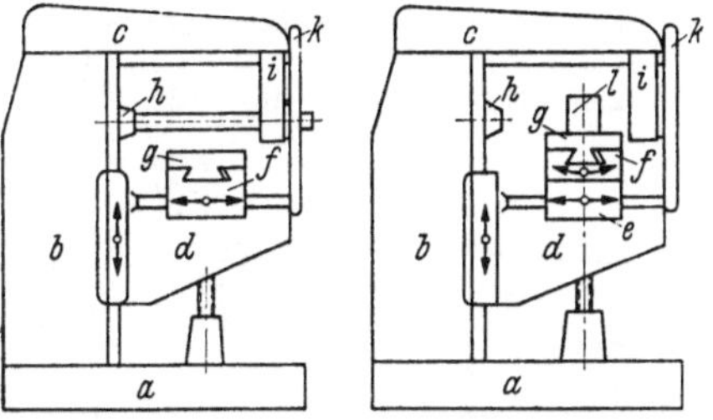

Abb. 107. Waagerechtfräsmaschine.

Abb. 108. Universalfräsmaschine.

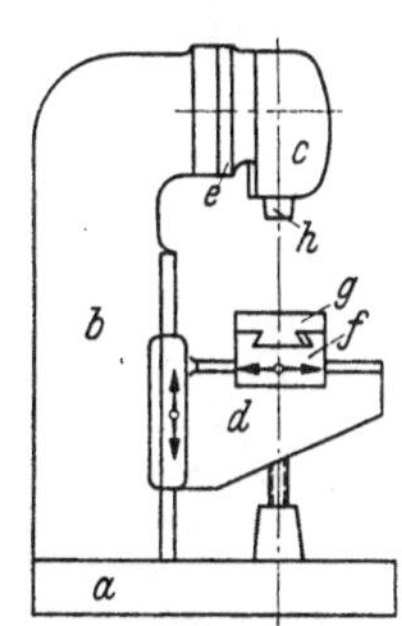

Abb. 109. Senkrechtfräsmaschine.

Bezeichnungen für Abb. 107 bis 111:
a Grundplatte, *b* Ständer, *c* Gegenhalter, *d* Konsol (Winkeltisch), *e* Drehteil, *f* Unterschlitten (Kreuzschieber), *g* Frästisch, *h* Frässpindel, *i* Gegenlager, *k* Scheren (Stützen), *l* Teilkopf.

c Frässpindelstock (drehbar) kann auch senkrecht verschiebbar sein.

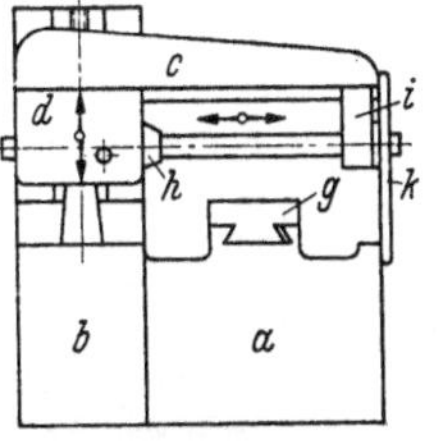

Abb. 110. Planfräsmaschine. *a* Bett, *d* Frässpindelstock.

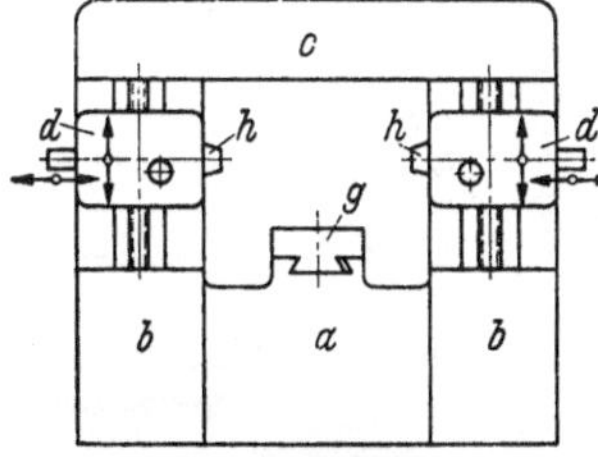

Abb. 111. Mehrspindel-Langfräsmaschine. *c* Stützbalken, *h* Frässpindel. Anstatt der waagerechten oder zusätzlich zu diesen können auch senkrechte Spindeln vorgesehen werden.

rechnet man die *Planfräsmaschinen* (Abb. 110) und die oft mehrspindligen *Lang-fräsmaschinen* (Abb. 111).

b) Maschinengröße. Nach Größe, Leistung und Antrieb lassen sich die Fräsmaschinen zunächst in fünf Gruppen unterteilen (Tabelle 33).

Tabelle 33. *Maschinengrößen.*

Gruppe	Tisch-Längsweg mm	Breite der Aufspannfläche mm etwa	Maschinen-leistung kW	Aufnahme	
				Morsekegel	Steilkegel
I	200···250	bis 160	bis 1,6	2···3	30 $(1^1/_4'')$
II	315···400	250	2,5···4	3···4	30
					40 $(1^3/_4'')$
III	630···800	315	6,3···10	4···5	40
					50 $(2^3/_4'')$
IV	1000···1200	400	12···16	5	50
V	1400···3000	500	25	5···6	50
		und mehr	und mehr		60 $(4^1/_4'')$

Die *Drehzahlen* werden in der Regel aus der Normzahl-Grundreihe R 20 oder R 20/2 gewählt (z. B. Abb. 112), während für die Vorschübe z. B. die Reihe R 20/3 die folgende recht günstige Stufung ergibt: 11,2—16—22,4—31,5—45—63—90—125—180—250—355—500 mm/min.

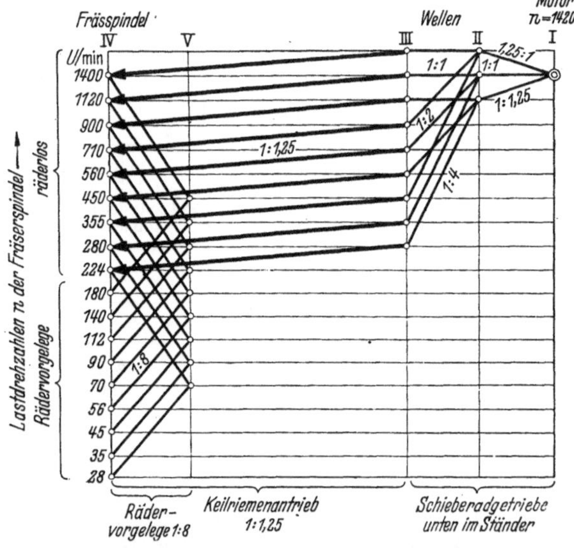

Abb. 112. Drehzahlbild eines Fräsmaschinenantriebes für 18 Spindel-drehzahlen (Gebr. HELLER).

c) Art des Einsatzes. *Produktions- (Einzweck-) Maschinen* werden für leichte Fräsarbeiten bevorzugt, wie sie in der feinmechanischen und optischen Industrie häufig vorkommen. Dieser preisgünstige Maschinentyp ist durch besonders einfachen Aufbau gekennzeichnet. Er ermöglicht störungsfreie Mehrmaschinen-bedienung, die durch handliche und sinnfällige Einhebel-steuerung erleichtert ist. Auf Selbst- und Schnellgang der Quer- und Senkrechtbewegung wird in der Regel verzichtet, für die Schnellverstellung der Längsbewegung ist ein Hand-kreuz vorgesehen. Drehzahlen und Vorschübe werden nicht durch Schaltgetriebe verstellt, sondern können durch leicht auswechselbare Zahn-räder der einzelnen Fräsarbeit angepaßt werden.

Universal- (Mehr- oder Vielzweck-) Maschinen werden für Reihenfertigung im Werkzeug-, Modell- und Vorrichtungsbau eingesetzt. Diese Maschinenart findet man auch vielfach in Laboratorien, Versuchs- und Entwicklungsabteilungen. Sie ist mit waagerechter, senkrechter oder auch schwenkbarer Frässpindel ausgerüstet und besitzt oft auch Sondereinrichtungen wie Tiefenanschläge mit Feineinstellung, selbsttätiges Senken des Konsols beim Rücklauf, elektro-hydraulische Vorwählung von Drehzahl und Vorschub, Schnellgangmotore, die aus höchster Drehzahl ab-gebremst werden können, Schnellüberbrückung der Leerwege u. a. m. Dadurch haben diese Maschinen auch für die Mehrzweck-Mengenfertigung, wie sie z. B. in den Werkzeugmachereien der Großbetriebe vorkommt, besondere Bedeutung. In diese Gruppe gehören ferner die Fräsmaschinen, die in ununterbrochenem Fertigungsfluß (z. B. mit Rund- (Dreh-) Tisch oder Trommel und nach dem Pendelfräsverfahren) arbeiten [62]. Durch diese Einrichtungen wird eine weitgehende Herabsetzung der Neben-, Spann- und Verteilzeiten ermöglicht. Allerdings muß das Ein- und Ausspannen im richtigen Zeitpunkt durchgeführt werden. Der Bedienungsmann kann daher kaum seinen Arbeitsplatz verlassen und nicht, wie bei anderen Typen, an mehreren Maschinen beschäftigt werden.

Eine vielseitige Bearbeitungsmöglichkeit von Teilen in einer einzigen Aufspannung bieten die schweren Einzweck-Produktionsmaschinen, vor allem die *Langfräs- und Planfräsmaschinen.* Aus wenigen typisierten Fräseinheiten kann nach dem Baukastensystem für jeden Verwendungszweck eine geeignete Sonderbauform zusammengestellt werden, und zwar mit einer oder mit mehreren waagerechten oder senkrechten Frässpindeln. Auf den langen Frästischen lassen sich schnell, z. B. hydraulisch, auch mehrere Werkstücke in Reihe hintereinander aufspannen, so daß während der verhältnismäßig langen Maschinenlaufzeit bis zu drei Maschinen (z. B. für je eine für Schrupp-, Schlicht- und Feinfräsen) von einem Mann bedient werden können.

Eine weitere Anzahl von Einzweck-Sonderfräsmaschinen wurden bereits bei den einzelnen Fräsverfahren erwähnt, so die Gewinde-, Wälz-, Keilnuten- und Nachformfräsmaschinen.

41. Auswahl. Bei der Maschinenauswahl beachte man folgende Gesichtspunkte:

a) Form und Größe des Werkstückes bestimmen die Maschinenabmessungen. Man soll auf schwache Maschinen keine großen oder schweren Werkstücke spannen; die Überlastung geht sonst auf Kosten der Maschinengenauigkeit und -Lebensdauer. Sperrige Teile, deren Arbeitsflächen parallel zur Tischfläche liegen, werden vorteilhaft auf Senkrechtfräsmaschinen bearbeitet.

b) Die Form der Fräsfläche ist ein weiterer wichtiger Gesichtspunkt. Breite ebene Flächen werden am besten auf Senkrechtfräsmaschinen gefräst; desgleichen Frästeile, die ununterbrochenes Fräsen zulassen, beispielsweise Arbeiten auf dem Rundtisch. Formflächen dagegen können besser auf Waagerechtfräsmaschinen hergestellt werden. Manche Arbeiten fräst man auf beiden Maschinenarten gleich wirtschaftlich. In solchen Fällen richtet sich die Entscheidung danach, welche Maschine im Augenblick frei ist.

c) Durch den Werkstoff des Werkstückes werden Schnittgeschwindigkeit und Vorschub bestimmt. Für Leichtmetallbearbeitung sind beispielsweise Maschinen mit hohen Drehzahlen erforderlich. Man kann bei leichten Arbeiten teilweise sogar Holzbearbeitungsmaschinen, z. B. Oberfräsen (mit Drehzahlen zwischen 10000 und 24000 U/min) benutzen. Für andere Zwecke wiederum sind Maschinen mit erhöhten Drehzahlreihen ungeeignet, z. B. zum Fräsen von Grauguß oder harten Stählen. Die Abstufung des Drehzahl- und Vorschubbereiches soll also auf den Werkstoff des Werkstückes abgestimmt sein.

d) Auch die Zahl der Frästeile beeinflußt die Maschinenwahl erheblich. Für kleine Stückzahlen ist oft die Waagerechtfräsmaschine richtig, da sie die Verwendung einfacher Vorrichtungen erleichtert. Bei großen Stückzahlen andererseits hängt die Entscheidung davon ab, welche Spannarten und Spannmittel am günstigsten sind.

B. Fräswerkzeuge.

Gestalt und Werkstoff der Fräswerkzeuge [76] werden in erster Linie durch die Form der zu fräsenden Fläche und den Werkstoff des Werkstückes bestimmt.

42. Hinterdrehte (hinterschliffene) Fräser. Hinterdrehte oder hinterschliffene Fräser sollen nur für Profilbearbeitung gewählt werden. Sie werden in der Regel mit radialer Zahnbrust (Spanwinkel 0°) ausgeführt. Andernfalls ist die durch den Spanwinkel bedingte Profilverzerrung bei der Festlegung des Fräserprofils zu berücksichtigen.

Die Rückenform der hinterdrehten (hinterschliffenen) Fräser läßt für die Späne wenig Raum. Infolgedessen besteht die Gefahr, daß sich beim Fräsen Späne auf den Rücken aufsetzen und die Fräsfläche zerstören. Aus diesem Grunde können keine großen Vorschübe angewendet werden. Ferner ist zu beachten, daß auch der seitliche Freiwinkel trotz ausreichender Umfangshinterdrehung zu klein werden kann, wenn das Profil nahezu senkrecht zur Fräserachse ausläuft (Abb. 113). Man vermeidet die hierdurch bedingten Nachteile (Quetschen, schnelle Abstumpfung) dadurch, daß die

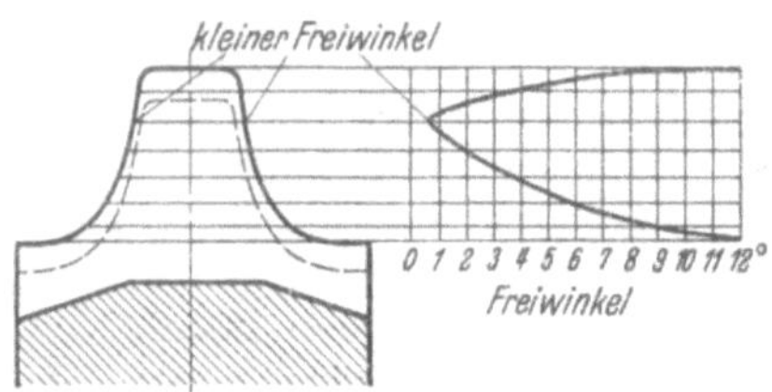
Abb. 113. Änderung des seitlichen Freiwinkels an einem üblich hinterdrehten Formfräser.

Formfräser geteilt ausgeführt und die Seitenflanken seitlich hinterdreht werden. Zur Wiederherstellung der richtigen Breite legt man dann nach dem Scharfschleifen zwischen die beiden Fräserhälften entsprechend breite Zwischenringe.

43. Spitzgezahnte (hinterfräste) Fräser. Hinterfräste Fräser sollen möglichst so ausgebildet sein, daß die Schneiden nicht gleichzeitig auf ihrer ganzen Breite in Eingriff kommen. Das wird durch Schrägstellung der Zähne erreicht. Walzen-, Walzenstirn- und Schaftfräser haben üblicherweise diese Form (Fräser mit Drall). Bei Nuten- und Scheibenfräsern dagegen findet man daneben die geradzahnige Ausführung, die nur für leichte Schnitte zweckmäßig ist. Auch Kreissägen werden

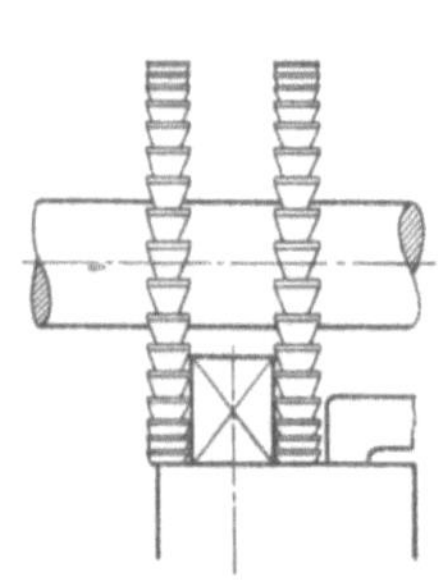
Abb. 114. Vierkantfräsen mit geradzahnigen Scheibenfräsern.

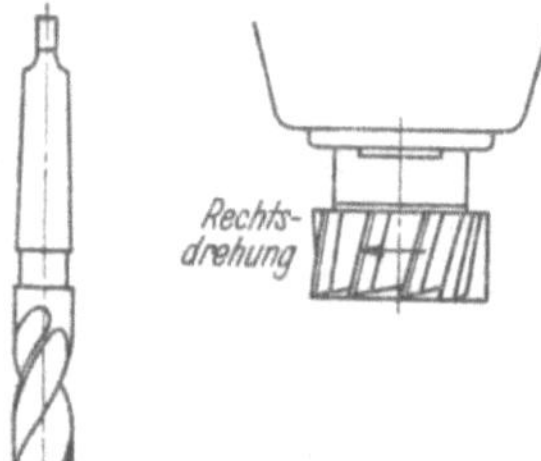

Abb. 115. Die Schnittrichtung der Fräser wird in gleicher Weise wie bei Spiralbohrern bezeichnet. Rechtsbohrer entspricht rechts schneidendem Fräser.

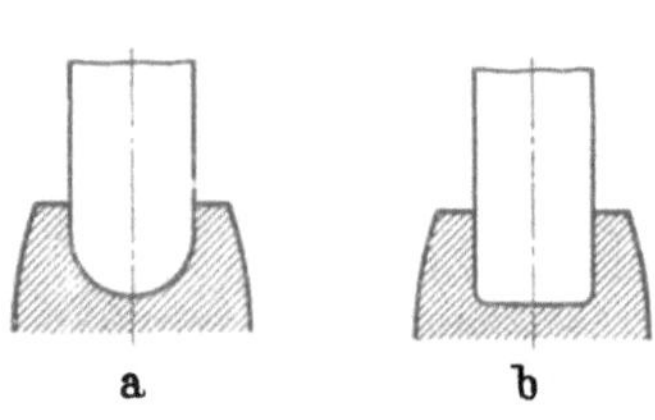

Abb. 116a u. b. Änderung der Werkstückform ermöglicht günstige Fräserform. a halbrunde Form — hinterdrehter Formfräser, b rechteckige abgerundete Form — Hochleistungs-Scheibenfräser.

meist mit geraden Zähnen ausgeführt. Bei tiefen Schnitten sind kreuzverzahnte Fräser unbedingt vorzuziehen. Andererseits ist es falsch, kreuzverzahnte Fräser als Stirnwerkzeuge zu benutzen, da nur jeder zweite Zahn schneidet und die Zahnteilung infolgedessen zu groß wird. Zum Fräsen eines Vierkantes (Abb. 114) sind beispielsweise zwei geradzahnige Scheibenfräser das Richtige. Für das Fräsen von Flächen sollen, wenn irgend möglich, Stirnfräser und Messerköpfe bevorzugt werden.

Auch auf die Schnittrichtung der Fräser ist zu achten. Sie wird in gleicher Weise wie beim Spiralbohrer bezeichnet (Abb. 115). Fräser, die bei Rechtsdrehung der Frässpindel schneiden, werden als rechtsschneidend, solche, die bei Linksdrehung schneiden, als linksschneidend bezeichnet. Die Festlegung des Dralles (Rechtsdrall oder Linksdrall) entspricht gleichfalls der beim Spiralbohrer üblichen. Günstige Fräserformen erhält man oft auch durch geringfügige Änderung der Werkstückform (Abb. 116). In Tabelle 34 sind die für verschiedene Fräsarbeiten günstigen Fräserformen, die größtenteils genormt sind [77, 78], zusammengestellt.

Tabelle 34. *Fräserformen für verschiedene Fräsarbeiten.* (Siehe auch Tabelle 15, S. 34.)

Fräsarbeit	Fräserart	Fräserform	Durch-messer mm	Aufnahme mm
A. Planfräsen	Walzenfräser Typ N, H, W		40···160	16 B···60 B
	Schaftfräser a für leichte b für schwere Schnitte Typ N, H, (W)		10···63 ···(40)	a zyl. Schaft oder Kegelschaft Morse 1 ··· 5 b Kegelschaft mit Anzugs-gewinde
	Walzenstirnfräser Typ N, H, W		40···160	16 B···40 B
	Messerköpfe		160···500	Bohrung n. DIN 2202 (Kegel 1:3,33) oder n. DIN 2079 Steilkegel
B. Formfräsen Flache Nuten	Nutenfräser a hinterdreht b gefräst		50···200	16 B···40 B
Tiefe Nuten	Scheibenfräser a geradegenutet b kreuzverzahnt Typ N, H, W		50···200 100···315	22 B···40 B 32 B···50 B (mit eingesetzten Messern)
Schlitze	Metallkreissäge-blätter (Schlitzfräser)		20···315	5 B···40 B
Keilnuten	Langlochfräser (auch mit doppel-seitigen Schneiden)		2···40	zyl. Schaft oder Kegel-schaft Morse 1···4
Geradlinig be-grenzte Form-flächen	gefräste Form-fräser		40···160	13 B···40 B
Andere Form-flächen	hinterdrehte Formfräser		40···200	16 B···50 B

Tabelle 34. (Fortsetzung).

Fräsarbeit	Fräserart	Fräserform	Durchmesser mm	Aufnahme mm
C. Gewindefräsen Kurzgewinde	hinterdrehte oder hinterschliffene Rillenfräse		32···80 10···25	16 *B*···40 *B* zyl. oder Kegelschaft Morse 2 u 3.
Langgewinde	(hinterdrehter Formfräser wie unter B.)			
D. Wälzfräsen	hinterdrehte oder hinterschliffene Wälzfräser		50···250	22 *B*···60 *B*

Als Schneidenwerkstoffe für Fräser [79, 80] werden überwiegend Schnellstähle (HS) nach Tabelle 35 oder Hartmetalle (HM), gewöhnliche Werkzeugstähle dagegen kaum noch verwendet.

Tabelle 35. Leistungsklassen der Schnellarbeitsstähle.

Leistungsklasse	Verwendungszweck	HS-Sorte (z. B.)	Richtanalyse
A	für Stähle mittlerer Festigkeit, Grauguß bis 180 HB, NE-Metalle und Kunststoffe	ABC III	0,95 C, 0,3 Si, 0,3 Mn, 4,0 Cr, 2,65 Mo, 2,4 V, 3,0 W
D	für Höchstleistungen auf allen Werkstoffen	DMo 5	0,85 C, 0,3 Si, 0,3 Mn, 4,2 Cr, 5,0 Mo, 2,0 V, 6,5 W
E	für besonders schwer bearbeitbare Werkstoffe wie Federstähle, harte Stahlplatten, V 4 A, Grauguß über 180 HB	EV 4 EV 4 Co	1,25 C, 0,3 Si, 0,3 Mn, 4,2 Cr, 0,85 Mo, 3,75 V, 12,0 W desgl. + 4,75 Co

C. Kühlmittel.

44. Zweck. Beim Fräsen soll richtig und reichlich [81] gekühlt werden. Das Kühlmittel kann nicht nur eine übermäßige Erwärmung der Schneiden verhindern, sondern auch die Reibung als Ursache der Erwärmung und des Schneidenverschleißes verringern. Gleichzeitig ist anzustreben, daß die bei zähen Werkstoffen entstehenden Aufbauschneiden entfernt werden. Je nach Art des Schnittes tritt der eine oder andere Gesichtspunkt in den Vordergrund. Vom Kühlmittel [82] hängen Maßhaltigkeit und Oberflächengüte der Werkstücke sowie in gleichem Maße die Standzeit des Fräsers ab.

45. Art und Zusammensetzung. Man unterscheidet Schneidöle und Kühlmittelöle. Versuche wurden auch mit Starkkühlung (künstlich gekühlten Ölen) [83] und mit gasförmigen Kühlmitteln (Kohlensäure, Preßluft, Wasser- und Ölnebel) angestellt [84, 85].

a) Schneidöle werden ohne Vermischung mit Wasser, meist im Anlieferungszustand verwendet. Ihr Stockpunkt soll etwa − 20°, ihre Zähflüssigkeit etwa 2···3 E/50° betragen. Zähere Öle setzen sich in den Spänen fest und gehen dann mit diesen verloren. Fettöle (beispielsweise Rüböl) wurden daher zweckmäßig mit einem dünnflüssigen Öl gemischt (beispielsweise 2 Teile Rüböl, 1 Teil Spindelöl).

b) Kühlmittelöle verwendet man in Wasser gelöst (emulgiert). Sie stellen Lösungen von Seifen der Fett- oder Harzsäuren in Mineralöl dar. Für die Mischung soll nur weiches Wasser verwendet werden. Sie ist an sich in jedem Verhältnis möglich. Die übliche Mischung entspricht dem Verhältnis 1 : 10 bis 1 : 20.

46. Anwendung. Das Kühlmittel soll in einem kräftigen Strom oder Strahl (bei Zweidüsenkühlung) dem Fräser zugeleitet werden, damit die Schneiden gut gekühlt und die Späne fortgespült werden. Hierbei wird vorausgesetzt, daß Späne und Kühlmittel in ausreichender Menge vom Tisch der Fräsmaschine abfließen können. Neuzeitliche Fräsmaschinen tragen dieser Forderung Rechnung. Die Menge des Kühlmittels ist also auch von der Bauart der Maschine abhängig. Seine Auswahl richtet sich nach dem zu fräsenden Werkstoff (Tabelle 36).

Tabelle 36.

Zu fräsender Werkstoff	Art des Kühlmittels
Weicher unlegierter Stahl, legierte Stähle mittlerer Festigkeit ..	Kühlmittelöl
Stahl hoher Festigkeit	Schneidöl
Grauguß	trocken
Temperguß	Kühlmittelöl
Kupfer und Kupferlegierungen ..	Schruppen: Kühlmittelöl Schlichten: Schneidöl
Aluminium und Al-Legierungen .	Kühlmittelöl
Magnesiumlegierungen	trocken oder wasserfreies Sonderschneidöl
Kunstharz, Preßstoffe	trocken

VI. Praktische Winke für die Instandhaltung der Fräswerkzeuge.

A. Allgemeines.

Der Zustand der Fräserschneiden beeinflußt nicht nur die Leistung und Wirtschaftlichkeit des Werkzeuges. Auch Genauigkeit und Oberflächengüte des Werkstückes hängen davon ab. Es ist daher wichtig, daß das Fräswerkzeug nicht nur im Anlieferungszustand, sondern auch nach dem Scharfschleifen gut schneidet und einwandfrei läuft.

Während die Pflege der Werkzeugkegel, der Aufnahmen und Aufnahmedorne von anderen Werkzeugarten her allgemein bekannt und eingeführt ist, sind beim Instandhalten der Fräserschneiden [*86, 87*] manche Gesichtspunkte zu beachten, die hier kurz erläutert werden sollen.

B. Scharfschleifen.

Beim Scharfschleifen sind drei Gruppen von Fräswerkzeugen zu unterscheiden: hinterdrehte Formfräser, spitzgezahnte Fräser und Messerköpfe.

47. Schleifen hinterdrehter Formfräser. a) Schleifart. Hinterdrehte (hinterschliffene) Formfräser werden üblicherweise nur an der Zahnbrust (Spanfläche) scharfgeschliffen (Abb. 117). Bei starker Abstumpfung (übliche Breite der Abstumpfungsfase höchstens 0,3 mm) ist es ratsam, zunächst eine Rundfase anzuschleifen, die beim Brustschleifen wieder nahezu verschwinden muß. Die Zahnbrust soll genau radial liegen (Spanwinkel 0°), soweit nicht auf dem Fräser ein anderer Spanwinkel angegeben ist.

b) Schleifmittel. Tellerscheibe nach DIN 69149 (A oder C) aus Edelkorund.

Körnung und Härte 46 ··· 60, K ··· L.

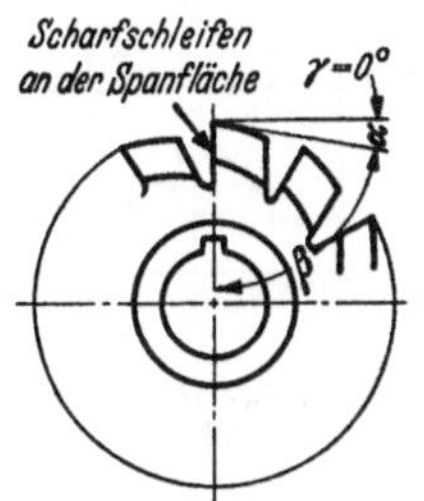

Abb. 117. Scharfschleifen von hinterdrehten Formfräsern.

Es wird mit der Kegelfläche geschliffen, und zwar trocken. Besondere Sorgfalt erfordert das Schleifen der schraubig genuteten Formfräser, vor allem der Wälzfräser [87].

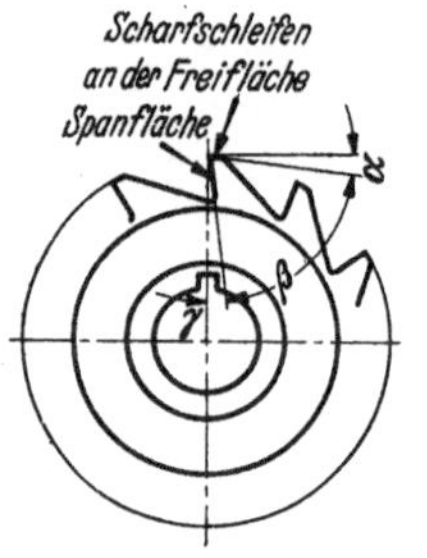

Abb. 118. Scharfschleifen spitzgezahnter Fräser.

48. Schleifen spitzgezahnter Fräser (Abb. 118). Walzen-, Schaft- und Scheibenfräser sowie andere spitzgezahnte Fräser werden — je nach Abstumpfung — in zwei oder drei Arbeitsgängen scharfgeschliffen.

a) Rundschleifen. Damit die Fräser gut rundlaufen, werden sie zunächst mit einer Rundfase versehen.

Schleifmittel: Gerade Scheibe nach DIN 69120 aus Korund (für Schnellstahl). Körnung und Härte 46···60, L···M, oder aus Siliziumkarbid (für Hartmetalle). Mit Kühlmittelöl (Emulsion 1 : 50).

b) Schleifen der Freifläche. Nach dem Rundschleifen wird jede Schneide an der Freifläche scharfgeschliffen, und zwar so, daß die Rundfase nahezu verschwindet. Die richtige Lage der Freifläche ist für das ruhige und saubere Arbeiten des Fräsers von besonderer Bedeutung. Durch zu großen Freiwinkel werden die Fräserschneiden geschwächt. Ist andererseits der Freiwinkel zu klein, so setzen sich leicht Werkstoffteilchen auf die Zahnrücken auf und verderben die Fräsfläche. Richtwerte für die zweckmäßige Größe des Freiwinkels sind in Tabelle 16 (S. 36) enthalten.

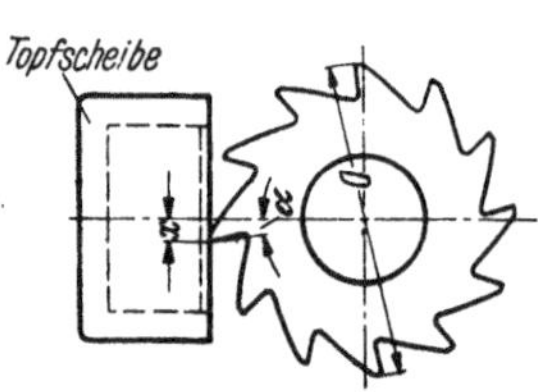

Abb. 119. Einstellen des Freiwinkels.

Nach wiederholtem Nachschleifen kann es vorkommen, daß der weiter zurückliegende Teil des Zahnrückens drückt. Von Zeit zu Zeit ist daher auch der Zahnrücken zweckentsprechend nachzuschleifen.

Bei dem früher üblichen Schleifverfahren wurde die Zahnstütze, auf der die zu schleifende Schneide gleitet, um den Betrag $x = D/2 \cdot \sin \alpha$ unter Mitte gestellt (Abb. 119). Der senkrecht zur Schneide wirksame Freiwinkel α_1 ergibt sich aus $\mathrm{tg}\,\alpha_1 = \mathrm{tg}\,\alpha \cos \lambda$. Werte für die Einstellhöhe x, die einem bestimmten Fräserdurchmesser D, Freiwinkel α und Drallwinkel λ entsprechen, können Abb. 120 entnommen werden. Bei dieser Schleifart ist es außerdem zweckmäßig, die Topfscheibe einige Grad schräg zur Fräserachse zu stellen (Abb. 121). Inzwischen ist ein neues Schleifverfahren entwickelt worden, das bei unmittelbarer Einstellung des Frei- und Drallwinkels nach Skalen genaue Schneidenwinkel ergibt [88]. Die Höhenverstellung der Zahnstütze und die Verschwenkung des Schleifkopfsockels sind nicht mehr nötig. Vielmehr wird die Schleifspindel in zwei senkrecht zueinander stehenden Ebenen geschwenkt. Diese

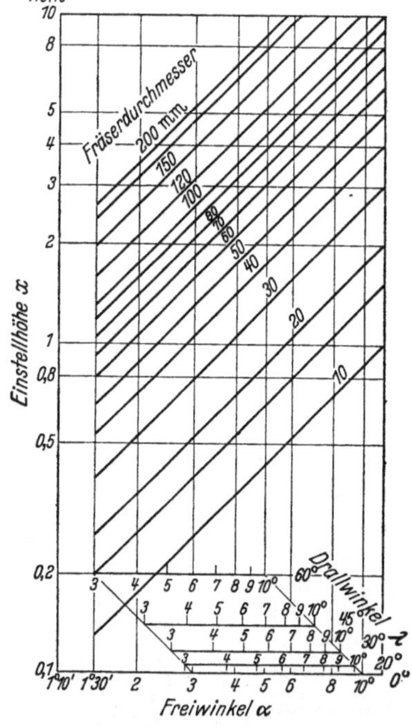

Abb. 120. Werte für die Einstellhöhe x beim Schleifen der Freifläche.

raumdiagonale Einstellung ist auf entsprechend ausgerüsteten Werkzeugschleifmaschinen [89, 90, 91] ohne weiteres möglich. Die erforderlichen Einrichte- und

Schleifzeiten sind gering. Die Freiflächen der Stirnzähne werden zusätzlich um einen geringen Betrag (etwa 0,5 bis 1°) nach innen freigeschliffen (Abb. 122), um die Reibungsflächen weiter zu verringern.

Schleifmittel: Topfscheibe nach DIN 61149 D aus Edelkorund, Körnung und Härte 46···60, J···L (für HS), bzw. aus Siliziumkarbid (für HM), zum Feinschleifen 80···100, G···H, für HM auch Diamantscheiben.

c) Schleifen der Spanfläche. Die Spanflächen der Fräser sollen nur bei starken Beschädigungen der Schneiden nachgeschliffen werden. Üblicherweise wird mit der Kegelfläche einer Tellerscheibe (Abb. 123) geschliffen. Hierbei arbeitet diese mit der Kante und nutzt sich infolgedessen schnell ab, zumal nur Schei-

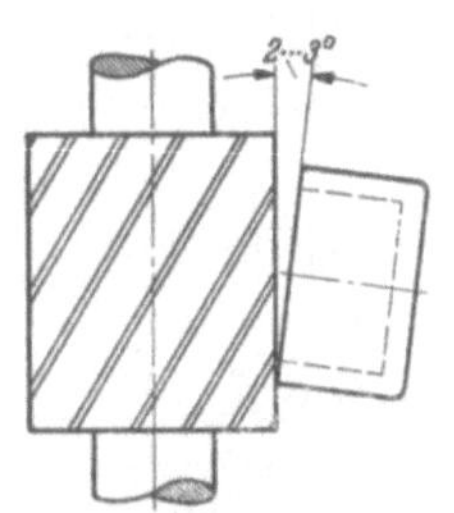

Abb. 121. Schrägstellen der Topfscheibe beim Schleifen der Freifläche.

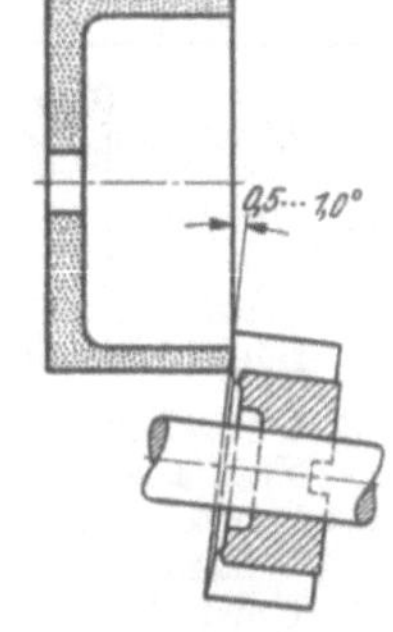

Abb. 122. Stirnzähne werden auch nach innen freigeschliffen.

ben mit verhältnismäßig kleinem Durchmesser benutzt werden können. Ein anderes Schleifverfahren ist bei richtiger Anwendung günstiger, zumal da hierbei auch größere Scheibendurchmesser verwendet werden können. Man arbeitet mit der abgerundeten Kante des Scheibenumfanges und stellt die Scheibenachse um 1···3° über den Drallwinkel ein [86]. Die Schleifscheibe kann dann einerseits die Zahnbrust nicht beschädigen, andererseits wird die Spanfläche hierbei etwas hohlgeschliffen, was bei zähen Werkstoffen für die Spanbildung erwünscht ist. Diese

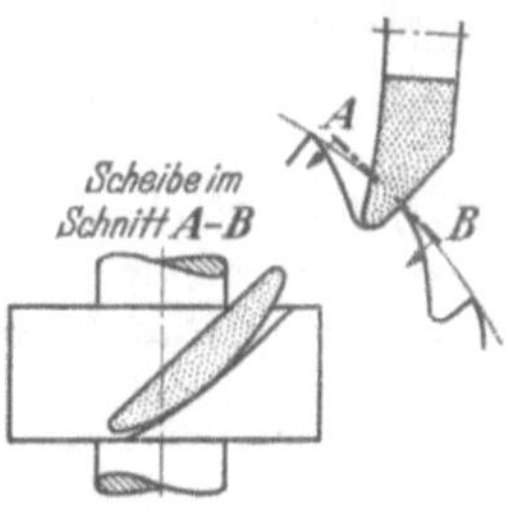

Abb. 123. Geradliniges Scharfschleifen der Spanfläche.

Arbeitsweise erfordert jedoch eine besondere Geschicklichkeit, da Zahnstützen nicht angebracht werden können. Der Spanwinkel kann außerdem im voraus nicht mit Sicherheit eingestellt werden, so daß eine Überprüfung des Winkels [92] während und nach dem Schleifen unbedingt erforderlich ist.

Schleifmittel: Tellerscheibe DIN 69149 A oder C aus Edelkorund, Körnung und Härte 46···60, J···L, bzw. Siliziumkarbid (für HM).

49. Schleifen von Messerköpfen. Kleinere Messerköpfe (bis etwa 250 mm Durchmesser) werden grundsätzlich in gleicher Weise scharfgeschliffen wie Walzenstirnfräser. Für größere Messerköpfe, die sich auch hinsichtlich ihrer Bauart erheblich unterscheiden, sind besondere Messerkopfschleifmaschinen [93] oder Schleifeinrichtungen zu beschaffen.

Erforderliche Arbeitsgänge:

a) Rundschleifen an der Stirn und am Umfang (bei Planmesserköpfen Kegelmantel, bei Eckmesserköpfen Zylindermantel),

b) Freischleifen am Umfang und an der Stirn,

c) Abrundung oder Schräge der Schneidkantenecke schleifen,

d) Feinstschleifen der Schneidfase bei negativem Spanwinkel (vgl. S. 7).

Als Beispiel sind in Tabelle 37 Arbeitsgänge und -zeiten für das Scharfschleifen eines Planmesserkopfes zusammengestellt [94]. Für Hartmetall-Messerköpfe ergeben sich höhere Schleifkosten als für vergleichbare Schnellstahlwerkzeuge [95]; denn außer dem größeren Zeitaufwand ist der höhere Preis der erforderlichen Siliziumkarbid- und Diamantschleifscheiben zu berücksichtigen. Die Zahl der

Tabelle 37. *Arbeitsgänge und -zeiten für das Scharfschleifen eines Planmesserkopfes 400 $\emptyset$, $Z = 24$.*

Einstellzeiten	min	Schleifzeiten	min
1. Messerkopf aufspannen	4		
2. Einstellen für Rundschliff	4		
4. Umstellen für Rundschliff am Umfang	6	3. Rundschliff plan	6
6. Einstellen Hinterschliff, Freifläche Umfang (mit Topfscheibe)	7	5. Rundschliff Umfang	6
8. Umstellen Hinterschliff Freifläche plan		7. Hinterschliff Freifläche Umfang	15
10. Umstellen Hinterschliff Freifläche innen	4	9. Hinterschliff, Freifläche plan ..	10
12. Umstellen zum Scharfschleifen Fase, plan, außen, innen	6	11. Hinterschliff, Freifläche innen ..	15
14. Rundlauf prüfen	12	13. Scharfschleifen aller Flächen einschließlich Übergangsradius	40
15. Abspannen	3		
	2		
Summe	48	Summe	92

möglichen Nachschliffe liegt bei 20 und darüber. Der wirtschaftliche Bestwert wird erreicht, wenn die Werkzeugkosten im richtigen Verhältnis zu den zeitgebundenen Platzkosten stehen.

Schrifttum.

Dieses Verzeichnis, der Buchgliederung entsprechend nach Stichworten geordnet, kann, dem Wesen der Werkstattbücher gemäß, nicht das Fachschrifttum über das Fräsen vollständig wiedergeben. Es soll dem Leser jedoch dazu helfen, das eine oder andere ihn besonders interessierende Teilgebiet an Hand einer Veröffentlichung aus neuerer Zeit genauer zu studieren.

Abkürzungen: WT = Werkstattstechnik und Maschinenbau, Springer-Verlag, Berlin / Göttingen / Heidelberg.

WB = Werkstatt und Betrieb, C. Hanser-Verlag, München.

I. Fräsverfahren.

Walzen- und Stirnfräsen.

[1] STOCK, R. & Co.: Spanbildung, Fräsversuche, Fräserhandbuch 2. Aufl.
[2] SCHLESINGER, G.: Mittenspandicke, Werkstattstechnik 1931 S. 191.
[3] JERECZEK, V.: Gleichlauffräsen, Maschinenbau 1936 S. 191.
[4] SCHULTZ, G.: Zeitvergleich Drehen—Hobeln—Fräsen, WB H. 6, 1952, S. 220.
[5] ROTTLER, A.: Hartmetalle in der Werkstatt, Werkstattbücher, Heft 62.
[6] LIPPACHER, K.: Schlagzahnfräsen, WB H. 2, 1949, S. 49.
[7] DÜRR, A.: Neuere Fräsmaschinen-Konstruktionen, Industrielle Organisation H. 11, 1950, Zürich.
[8] BURMESTER, H.-J.: HM-Stirnfräsen von Stahl, WB H. 10, 1953, S. 577.
  WITTHOFF, J.: Winkel am spanabhebenden Werkzeug. WB H. 2, 1949, S. 45.
[9] KRONENBERG, M.: Initialkontakt von Fräser und Werkstück, Trans. ann. Soc. mech. Engrs. (1946) S. 217.

Fräsen von Nuten und Formflächen.

[10] Kopierfräsen ohne Messen auf einfachen Fräsmaschinen, WB H. 1, 1946, S. 11.
[11] EBERT, F. A.: Kopierfräsen mit Fühlersteuerung, WB H. 4, 1954, S. 166.
[12] F. KOPP, Neuulm: Druckschrift „Pausenlos fräsen.“
[13] HÖLSCHER, W.: Nachformsteuerungen, WT H. 5, 1952, S. 173.
[14] DECKEL, F.: München: Druckschrift „Universal-Nachformfräsmaschine KF 12“ (mit Pantograph).
[15] HEYLIGENSTAEDT & Co., Gießen: Nachformfräsmaschine mit hydraulischer Fühlersteuerung.
  COLLET & ENGELHARD, Offenbach/Main: Selbsttätige Nachform-Fräsmaschinen mit elektrischer Fühlersteuerung.
  NASSOVIA Maschinenfabrik, Langen b. Fr.: Nachformfräsmaschine mit elektro-hydraulischer Fühlersteuerung.
[16] STROMBERGER, C.: Maß- und formgetreues Kopieren, WB H. 10, 1952, S. 529.
  SALLWEY, F.: Desgl., WT H. 10, 1953, S. 442.
[17] SCHATZ, A.: Neuartige Profilfräsmaschine, WB H. 11, 1954, S. 656.
[18] GAUDICH, H.: Keilnutenfräsen (Kurbelwellen), WT H. 5, 1954, S. 209.
[19] HURTH, C., München: Keilnuten-Halbautomat.
[20] WANDERER-Werke, Haar b. München: „Rapidus“-Gewindefräsen.
[21] STROMBERGER, C. u. BÖKER: Gewindewirbeln, WB H. 7, 1952, S. 277.
  Verfahren von H. BURGSMÜLLER & SÖHNE, Kreiensen.
[22] STENDER, W.: Gewindeschälen, WT H. 11, 1954, S. 531.
  Gewindeschälmaschinen von WALDRICH, Coburg.

Fräsen von Zahnrädern.

[23] WITTMANN, H.: Verzahnmaschinen, WT H. 9, 1952, S. 382.
[24] Näheres über Wälzfräsmaschinen in den Druckschriften der Firmen

PFAUTER, Ludwigsburg (Typen RS).	KLINGELNBERG SOEHNE, Remscheid (Palloid-Spiralkegelräder).
LIEBHERR, Kirchdorf (Typen S).	
LORENZ, Ettlingen (Typen E).	GAUTHIER, Calmbach, Enz.
SCHIESS, Düsseldorf.	KOEPFER, Furtwangen.
WOTAN-Werke, Düsseldorf.	MORAT & SÖHNE, Eisenbach.
	THIELICKE, Karlsruhe.

[25] STAEHELY, Wuppertal (Typen SH).
[26] FIESELER, A., u. G. LAUSBERG: Einfluß der Wälzfräserfehler auf das erzeugte Zahnprofil, WT H. 2, 1953, S. 51.

[27] KOOP, H.-A.: Wälzfräsen mit hohen Schnittgeschwindigkeiten, WT H. 4, 1954, S. 155.
[28] BOEHME, H.: Gleichlauf-Wälzfräsen, WB H. 10, 1952, S. 164 (Ref.).

II. Arbeitsgeschwindigkeiten.
Standzeit.

[29] WITTHOFF, J.: Ermittlung der günstigsten Arbeitsbedingungen, WB H. 10, 1952, S. 521
[30] RKW-AWF: Wirtschaftlich drehen, G. Westermann-Verlag, Braunschweig 1952.
[31] OPITZ, H. u. J. KOB: Auswirkungen des HM-Einsatzes beim Fräsen, WB H. 5, 1951, S.189.
[32] LEYENSETTER, W.: Standzeitbeobachtungen beim Fräsen von Grauguß, WB H. 10, 1952, S. 515.

Schnittgeschwindigkeit, Vorschub.

[33] BURMESTER, H.-J.: Einsatz von HM-Werkzeugen beim Stirnfräsen von Stahl, WB H. 10, 1953, S. 577.
[34] MOTALIK, F.: Die Auswertung von Standzeitversuchen, WT H. 7, 1953, S. 309.
[35] SCHMIDT, A. O.: Temperaturmessungen am Werkstück, Werkzeug und Span, WT H. 8, 1953, S. 345.
    —: Werkstück- und Oberflächentemperaturen beim Fräsen, WT H. 10, 1953, S. 438.
[36] OPITZ, H. u. J. KOB: Schnittemperaturen beim Fräsen mit HM-Werkzeugen, WB H. 3, 1952, S. 81.

Oberflächengüte.

[37] SCHMALTZ, G.: Technische Oberflächenkunde. Berlin: Springer-Verlag 1936.
[38] PERTHEN, J.: Oberflächen-Prüfung, ATM V9116-2 (Jan. 1953) S. 11.
[39] SCHULZE, R.: Oberflächenmeßgeräte, WT H. 6, 1953, S. 279.
[40] OPITZ, H.: Einordnung der Feinbearbeitungsverfahren, WT H. 3, 1953, S. 92.
[41] DREYHAUPT, W.: Oberflächenprüfung auf Traganteil, WT H. 6, 1954, S. 280.
[42] NITSCHE, H.: Bericht des DNA-Ausschusses „Oberflächen", WT H. 11, 1953, S. 521.
[43] OESTE: Oberflächen-Vergleichsnormale, WT H. 3, 1954, S. 130.
    —: Zuordnung der Rauheitswerte zu den ISA-Toleranzen, WT H. 6, 1954, S. 291.

Schnittkräfte und Leistungsbedarf.

[44] OPITZ, H. u. K. KUESTERS: Meßgeräte zur Ermittlung der Schnittkraft und Schnittemperatur, WB H. 2, 1952, S. 43.
[45] OPITZ, H. u. J. KOB: Schnittkräfte und Temperaturen beim HM-Fräsen, WB H. 7, 1954, S. 398 (Ref.).
[46] DUERR, A.: Fräsmaschinenleistung und Leistungsfähigkeit der Messerköpfe, WT H. 9, 1953, S. 390.
[47] KLEIN, W.: Verlauf der Umfangskraft bei einem Walzenfräser, Ing. Arch. Bd. 8, 1937, H. 6 S. 425.
[48] LOEWE-Notizen, November 1929, S. 130.

III. Arbeitszeitermittlung.

[49] REFA-Buch, Bd. 2: Zeitvorgabe, C. Hanser-Verlag, München 1952.
[50] REFA-Schrift 2: Fräsen.
[51] BAIERL, F.: Verlustzeitermittlung, WB H. 1, 1954, S. 19.
[52] WANDERER: Fräsen.
[53] PFAUTER: Handbuch des Wälzfräsens.

IV. Maßnahmen zur Verkürzung der Fräszeit.
Vorrichtungen und Spannzeuge.

[54] BUTZ, R.: Zeitsparende Fräsvorrichtungen, WT H. 9, 1953, S. 431.
[55] NAGEL, K.: Fräsvorrichtungen, WB H. 5, 1953, S. 205.
[56] SCHATZ, A.: Schnellbeschickungs-Vorrichtungen, WB H. 5, 1953, S. 213.
[57] WILDFÖRSTER: Fräsvorrichtung für Paßfedern, WT H. 4, 1954, S. 175.
[58] OTT: Halbautomatische Fräsvorrichtung für Kettenlamellen, WB H. 4, 1954, S. 191.
[59] SCHREYER: Normung von Spannzeugen für Fräswerkzeuge, WT H. 5, 1954, S. 234.
[60] KELCH & Co.: Druckschrift „Fräserdorne und Messerkopfaufnahmen".

Rundtisch-, Trommel-, Pendelfräsen.

[61] KOGLER: Anwendung der Fräsverfahren, WT H. 4, 1952, S. 148 (Ref.).
[62] PFEIFER, A.: Einsatz von Rundtisch- und Trommelfräsmaschinen, WB H. 6, 1952, S. 227.
[63] MICHEL, H.: Rundtischfräsen, WB H. 4, 1953, S. 183.
[64] HEES, E.: Pendelfräsen im Vergleich zu Rundtischfräsen, WB H. 10, 1953, S. 609.
[65] DIES, R.: Pendelfräsen mit hoher Oberflächengüte, WB H. 4, 1954, S. 157.

V. Auswahl der Betriebsmittel.

Fräsmaschinen.

[66] DÜRR, A.: Entwicklungsstand im Fräsmaschinenbau, WB H. 9, 1951, S. 392.
[67] KRONHAGEL: Konstruktion neuzeitlicher Fräsmaschinen, WB H. 10, 1953, S. 597.
[68] POHL, F.: Entwicklungen im Fräsmaschinenbau, WT H. 9, 1954, S. 435.
[69] —: Aufbau und Gebrauchswert, WT H. 12, 1954, S. 614.
[70] KRUMME, W.: Verzahnmaschinen, WT H. 12, 1954, S. 627.
[71] ROTZOLL, E. u. J. ICKERT: Programmsteuerung, WT H. 12, 1952, S. 500.
[72] DÜRR, A. u. E. DAUTEL: Schwachstrom-Steuerungen, WB H. 7, 1954, S. 357.
[73] MEYER, H.-J.: Planmäßige Instandhaltung, WT H. 11, 1954, S. 546.
[74] Berichte von den Europäischen Werkzeugmaschinen-Ausstellungen:
    1. Paris 1951, WT H. 12, WB H. 11.   3. Brüssel 1953, WT H. 9, WB H. 11.
    2. Hannover 1952, WT H. 9, WB H. 11   4. Mailand 1954, WT H. 9, WB H. 11.
[75] Übersicht über die Fräsmaschinenfertigung.

Konsol- und Planfräsmaschinen.

Biernatzki, Mannheim. — Droop & Rein, Bielefeld. — Ludw. Loewe, Berlin. — Maschinen-u. Gerätebau, Berlin (Jerwag-Gleichlaufmaschinen). — Schwäbische Hüttenwerke, Wasseralfingen. — Wanderer-Werke, Haar b. München. — Fr. Werner, Berlin. — Bohle, Bielefeld. — Carstens, Hamburg. — Eichler & Co., Wiesbaden. — Malick & Walkows, Berlin. — Maschinenfabrik Diedesheim. — Nube, Offenbach. — Otnima-Werk, Tübingen — Roth & Müller, Eßlingen. — Union, Bielefeld. — E. Weißer, Heibronn.

Rundtisch- und Langfräsmaschinen, Bohr- und Fräswerke, Fräseinheiten.

Collet & Engelhard, Offenbach. — Froriep, Rheydt. — Gildemeister, Bielefeld. — Habersang & Zinzen, Düsseldorf. — Gebr. Heller, Nürtingen. — Hüller, Ludwigsburg. — Hürxthal, Remscheid. — Köllmann, Langenberg. — Malmedie & Co., Düsseldorf. — Schieß, Düsseldorf. — VWF Frankfurt. — Waldrich, Siegen. — Wotan-Werke, Düsseldorf. — Burkhardt & Weber, Reutlingen. — Kopp, Neu-Ulm.

Werkzeugfräsmaschinen, Nutenfräsmaschinen.

Deckel, München. — Hurth, München. — Busch, Gevelsberg. — Forst, Solingen.

Nachform(Kopier)-Fräsmaschinen.

Collet & Engelhard, Offenbach. — Droop & Rein, Bielefeld. — Heyligenstaedt & Co. Gießen. — Hüller, Ludwigsburg. — Hürxthal, Remscheid. — Deckel, München. — Kirner, Neustadt (Schwarzw.). — Kopp, Neu-Ulm. — Nassovia, Langen b. Frankfurt. — Fr. Werner, Berlin.

Fräswerkzeuge.

[76] KIENZLE, O.: Grundsätze der Werkzeuggestaltung, WT H. 5, 1953, S. 181.
[77] KLEIN, H. H.: Genormte Maschinenwerkzeuge, Normenheft 10, Beuth-Vertrieb.
[78] DIN-Taschenbuch 6 Teil A: Werkzeugnormen (9. 1955), Beuth-Vertrieb.
[79] RAPATZ, F.: Stand der Schnellarbeitsstähle, WT H. 11, 1952, S. 449.
[80] BALLHAUSEN, C.: Hartmetallsorten, WT H. 11, 1952, S. 452.

Kühlmittel.

[81] VIEREGGE, G.: Wirksame Kühlung, WB H. 11, 1953, S. 702.
[82] ODENHAUSEN: Schneidflüssigkeiten, WT H. 8, 1953, S. 377 (Ref.).
[83] GOLTZ, G.: Ergebnisse der Starkkühlung, WB H. 12, 1951, S. 536.
[84] PAHLITSCH, G.: Gasförmige Kühlmittel, WT H. 6, 1952, S. 260 (Ref.).
[85] WEBER: Sprühkühlung, WB H. 8, 1954, S. 447 (Ref.).

VI. Instandhaltung der Fräswerkzeuge.

[86] Werkstattbuch Heft 94: ROTTLER, Werkzeugschleifen; H. 62: ROTTLER, Hartmetalle in der Werkstatt.
[87] BOROWSKI: Schleifen von Wälzfräsern, WT H. 7, 1952, S. 292.
[88] HASSELKUS, W.: Neues Fräserschleifverfahren, WB H. 11, 1953, S. 707.
[89] BORCHERT, F.: Schleifen spiralgenuteter Werkzeuge, WB H. 5, 1953, S. 229.
[90] PEITHMANN, K.: Scharfschleifmaschinen für Gesenkfräser, WT H. 10, 1953, S. 446.
[91] —: Werkzeugschleifmaschinen, WT H. 1, 1953, S. 18.
[92] —: Fräserprüfgeräte, WT H. 2, 1953, S. 78.
[93] SCHATZ, A.: Messerkopf-Schleifmaschine, WB H. 11, 1952, S. 617.
[94] POHL, F.: Messerkopfschleifen, WT H. 9, 1954, S. 445.
[95] BURMESTER, H.-J.: Nachschliffzahlen für Messerköpfe, WB H. 10, 1953, S. 582.